农业农村部农民教育培训规划教材

农村实用人才带头人手册

中央农业广播电视学校
农业农村部农民科技教育培训中心　组编
中国农民体育协会

中国农业出版社
北京

编写人员名单

主　　编　汪学军　胡永万

副 主 编　杨　珺　曹琳琳

参　　编　（以姓氏笔画为序）

王　晓　仝志辉　孙　昊

杨　曼　时海燕　徐成斌

韩衍金　程至杰　傅国海

樊志民

■ 编写说明

习近平总书记多次强调，乡村振兴，关键在人；要推动乡村人才振兴，把人力资本开发放在首要位置，汇聚全社会力量，打造一支强大的乡村振兴人才队伍。2021年初，中共中央办公厅、国务院办公厅印发《关于加快推进乡村人才振兴的意见》，对推进乡村人才振兴作出系统部署，明确提出要加强农民教育培训，实施农村实用人才培养计划，培养造就一批能够引领一方、带动一片的农村实用人才带头人。2021年6月1日起实施的《中华人民共和国乡村振兴促进法》明确提出，培养有文化、懂技术、善经营、会管理的高素质农民和农村实用人才、创新创业带头人。农业农村部认真贯彻落实习近平总书记重要指示精神和党中央部署要求，通过实施农民教育培训专项工程，联合中央组织部开展农村实用人才带头人和到村任职、按照大学生村官管理的选调生示范培训，联合教育部启动百万高素质农民学历提升行动计划等，大力提高农民综合素质，加快培养农村实用人才带头人和高素质农民队伍。

农村实用人才带头人是全面推进乡村振兴、加快农业农村现代化的骨干力量，面对新阶段农业农村发展新要求，需要进一步提高认识、转变观念，不断提升生产经营能力、乡村治理能力、资源配置能力、创新应用能力、示范带动能力。农村实用人才带头人培养是农民教育培训的重要内容，为强化农村实用人才带头人教育培训的基础支撑，中央农业广播电视学校按照简单实用、方便查阅、满足需求的原则组织编写了《农村实用人才带头人手册》，紧扣农村实用人才带头人所需基本知识和技能要求，重点围绕农村实用人才带头人在农业农村中发挥的作用，通过105个问答，介绍农村实用人才带头人应知应会的基础知识，以及充分发挥示范引领作用所需的农业绿色发展、农业经营管理、乡村发展与治理、农耕文化与乡风文明、健康生活等六个方面的内容，并介绍了农村实用人才带头人成长案例和强农惠农富农相关政策。该手册是农民教育培训系列规划教材的重要组成部分，可作为农村实用人才带头人的口袋书，为农村实用人才带头人提供所需基础性、实用性、关键性知识，帮助其做好相关从业准备；也可作为农村实用人才带头人、到村任职选调生、高素质农民培训，以及中、高等职业教育的通用教材。

本教材由中央农业广播电视学校汪学军、胡

永万主编，中央农业广播电视学校杨珺、曹琳琳担任副主编，农业农村部政策与改革司孙昊，全国农业技术推广服务中心傅国海，中国农业大学烟台研究院时海燕，中国农业大学杨曼，山东省农业广播电视学校烟台市分校徐成斌，中国人民大学仝志辉，西北农林科技大学樊志民、程至杰，吉林师范大学韩衍金，江苏农林职业技术学院王晓参与编写。农业农村部农村合作经济指导司乡村治理指导处处长高小军、主任科员王蕾，江苏农林职业技术学院教授丁鸿，农业农村部农村经济研究中心副研究员张灿强负责大纲和文稿审定。中央农业广播电视学校杨珺、曹琳琳负责教材编写组织和统稿工作。

本教材在编写过程中难免有疏漏之处，敬请广大读者批评指正。

农业农村部农民科技教育培训中心
中央农业广播电视学校
中国农民体育协会
2021 年 8 月

目 录

模块一　基础知识

1. 乡村振兴战略总要求是什么？

党的十九大报告提出坚持农业农村优先发展，实施乡村振兴战略，这是党中央着眼“两个一百年”奋斗目标和农业农村短板问题作出的重大战略决策，是新阶段农业农村改革发展的方向。乡村振兴战略的总要求是产业兴旺、生态宜居、乡风文明、治理有效、生活富裕。《中华人民共和国国民经济和社会发展第十四个五年规划和 2035 年远景目标纲要》进一步明确提出，要走中国特色社会主义乡村振兴道路，全面实施乡村振兴战略。要提高农业质量效益和竞争力，推动乡村产业振兴；要实施乡村建设行动，建设美丽宜居乡村；要健全城乡融合发展体制机制，增强农业农村发展活力；要实现巩固拓展脱贫攻坚成果同乡村振兴有效衔接，接续推进脱贫地区发展。广大农民作为乡村振兴的主体，要响应国家要求，充分发挥积极性、创造性，把宏伟蓝图一步步变为现实。要不断加快转变农业发展方式，优化农业产业结构，推进农村一二三产业融合，实现农业高质量发展，夯实乡村全面振兴的产业基础。要努力树立和践行绿水青山就是金山银山的理念，保护好绿水青山和清新清净的田园风光，推动生态宜居。要积极推动移风易俗、文明进步，弘扬农耕文明和优良传统，推动乡风文明。要大力弘扬社会正气，坚决杜绝违法行为，积极参与基层民主和法治建设，使农村更加和谐安定有序，实现治理有效。要大胆创业兴业，不断提高农业生产经营收入，广泛带动周边农户，巩固脱贫攻坚成果，最终实现共同富裕。

2. 全面推进乡村振兴需要哪些人才队伍？

乡村振兴，关键在人。全面推进乡村振兴、加快农业农村现代化，需要一支懂农业、爱农村、爱农民的“三农”工作队伍作为支撑保障。2021 年 2 月，中共中央办公厅、国务院办公厅印发《关于加快推进乡村人才振兴的意见》，提出要促进各类人才投身乡村建设，大力培养本土人才，引导城市人才下乡，推动专业人才服务乡村，吸引各类人才在乡村振兴中建功立业，为全面推进乡村振兴、加快农业农村现代化提供有力人才支撑。强调要加快培养农业生产经营人才、农村二三产业发展人才、乡村公共服务人才、乡村治理人才、农业农村科技人才五类

《关于加快推进乡村人才振兴的意见》

乡村振兴人才队伍。其中，农业生产经营人才包括两类：高素质农民和农村实用人才带头人，家庭农场经营者和农民合作社带头人。农村二三产业发展人才包括四类：农村创业创新带头人、农村电商人才、乡村工匠、农民工。乡村公共服务人才包括四类：乡村教师、乡村卫生健康人才、乡村文化旅游体育人才、乡村规划建设人才。乡村治理人才包括六类：乡镇党政人才、村党组织带头人、“三支一扶”选调生、农村社会工作人才、农村经营管理人才、农村法律人才。农业农村科技人才包括四类：农业农村高科技领军人才、农业农村科技创新人才、农业农村科技推广人才、科技特派员。

3. 党中央对加快推进乡村人才振兴提出了哪些要求?

中共中央办公厅、国务院办公厅印发《关于加快推进乡村人才振兴的意见》，对加快推进乡村人才振兴作出了系统部署，明确了总体要求。加快推进乡村人才振兴的目标任务是，到 2025 年，乡村人才振兴制度框架和政策体系基本形成，乡村振兴各领域人才规模不断壮大、素质稳步提升、结构持续优化，各类人才支持服务乡村格局基本形成，乡村人才初步满足实施乡村振兴战略基本需要。在加快推进乡村人才振兴工作中，要坚持加强党对乡村人才工作的全面领导，坚持全面培养、分类施策，坚持多元主体、分工配合，坚持广招英才、高效用才，坚持完善机制、强化保障。要充分发挥高等教育、职业教育、党校（行政学院）、农业广播电视学校等培训机构，以及农业企业等各类主体在乡村人才培养中的作用，建立健全农村工作干部培养锻炼制度、乡村人才培养制度、各类人才定期服务乡村制度、鼓励人才向艰苦地区和基层一线流动激励制度、县域专业人才统筹使用制度、乡村高技能人才职业技能等级制度、乡村人才分级分类评价体系，提高乡村人才服务保障能力。要加强组织领导，强化政策保障，搭建乡村引才聚才平台，制定乡村人才专项规划，营造良好环境，为加快推进乡村人才振兴提供坚强保障。

4. 什么是农村实用人才带头人？

根据《中共中央办公厅 国务院办公厅关于加强农村实用人才队伍建设和农村人力资源开发的意见》，农村实用人才是指具有一定知识和技能，为农村经济和科技、教育、文化、卫生等各项社会事业发展提供服务、作出贡献，起到示范或带动作用的农村劳动者，是广大农民的优秀代表，是国家人才队伍的重要组成部分。按照从业领域不同，农村实用人才一般分为生产型（如种植大户、养殖大户）、经营型（如农业经理人、农村经纪人、农村电商从业者）、技能服务型（如动物防疫员、肥料配方师）、社会服务型（如农村环境整治人员、乡村建设规划人员、乡村教师、医生）和技能带动型（如传统艺人）五种人才。中共中央办公厅、国务院办公厅印发的《关于加快推进乡村人才振兴的意见》指出，要培养造就一批能够引领一方、带动一片的农村实用人才带头人。可见农村实用人才带头人就是在农村实用人才队伍中发挥示范引领作用的领头雁，主要包括村“两委”班子成员、第一书记、“三支一扶”选调生、农业企业负责人、农民合作社负责人、家庭农场经营者、新型农业经营和服务主体带头人等，他们是富村强村的领头雁、发展新产业新业态的先行者、应用新技术新装备的引领者、创办新型农业经营主体的实践者。

5. 农村实用人才带头人应具备哪些知识和能力?

农村实用人才带头人活跃在农业农村各个领域，涉及行业门类多，自身成长背景差异大，需要的知识技能也是多元的、不同层次的。但总的来说，应具备一些共性的知识和能力，即一理念、两知识、三能力。一理念：就是要树立社会主义核心价值观，厚植“三农”情怀，扎根农村、奉献农业，做到知农爱农，能积极为推进乡村全面振兴作出贡献。两知识：一是“三农”政策及发展趋势。要了解“三农”发展政策法规、农业农村发展趋势和当前“三农”工作重点要求，具备现代农业理念，能观全局、知方向，用足用好各项补贴、贷款、保险等支农惠农政策，推动产业发展，保障自身权益。二是行业知识。掌握所从事领域和行业的基本知识和规律，注重知识积累和更新，了解行业发展趋势和新技术、新模式等。三能力：一是从业能力。具备从业的基本素质，掌握现代科学技术、现代机械装备应用技术、现代信息工具应用技术，能在本行业领域运用各种媒介、工具从事生产、经营、管理。二是创新求变能力。具有创新精神和创业意识，主动学习接受新事物，能积极主动了解和适应农业农村发展，做到科学应变、主动求变。三是运营管理能力。主要包括资本运营、人力资源管理、市场开拓、公共关系协调、交流合作、危机处置、风险承受等方面的能力。

6. 什么是现代农业?

现代农业是在传统农业的基础上发展起来，广泛应用现代科技、现代工业提供的生产资料和科学经营管理方法进行社会化生产的农业形态。

党中央、国务院高度重视现代农业发展，2007年中央1号文件明确了现代农业概念，即用现代物质条件装备农业，用现代科学技术改造农业，用现代产业体系提升农业，用现代经营形式推进农业，用现代发展理念引领农业，用培养新型农民发展农业，提高农业水利化、机械化和信息化水平，提高土地产出率、资源利用率和农业劳动生产率，提高农业素质、效益和竞争力。2012年1月，国务院印发了《全国现代农业发展规划(2011—2015年)》，标志着发展现代农业从理念要求变成具体举措。党的十九大报告在对农业农村发展作出部署时，明确提出构建现代农业产业体系、生产体系、经营体系的任务，对我国现代农业建设提出了新要求，指明了我国现代农业发展方向。现代农业是一个包含产业体系、生产体系、经营体系的有机整体。其中，产业体系是现代农业的结构骨架，生产体系是现代农业的动力支撑，经营体系是现代农业的运行保障。2018年，中共中央、国务院印发了《乡村振兴战略规划（2018—2022年)》，明确提出要加快发展粮经饲统筹、种养加一体、农牧渔结合的现代农业，促进农业结构优化升级。《中华人民共和国国民经济和社会发展第十四个五年规划和2035年远景目标纲要》要求，加快发展现代农业，打造保障国家粮食安全的“压舱石”。

7. “十四五”期间我国农业农村工作的重点是什么?

“十四五”期间，我国农业农村工作将按照“保供固安全，振兴畅循环”的定位思路，重点抓好六个关键词：保供、衔接、禁渔、建设、要害、改革。保供，即确保国家粮食安全和重要农副产品有效供给。新发展阶段要努力实现高质量保供，既要保数量，也要保多样、保质量。“十四五”时期粮食产量要实现稳中有增，确保稳定在1.3万亿斤①以上。采取多种经济手段，确保猪肉产能稳定在5 500万吨左右。衔接，即巩固拓展脱贫攻坚成果同乡村振兴有效衔接。要守住一条底线、健全一套政策。守住一条底线，就是不发生规模性返贫。健全一套政策，就是推动脱贫攻坚政策平稳转型支持乡村振兴。禁渔，即坚持不懈抓好长江十年禁渔。2021年起，长江禁捕退捕攻坚战将转向全面禁渔持久战，要确保“禁渔令”落地落实，退捕渔民稳得住、不反弹。建设，即实施乡村建设行动。推动各地加快编制县域村庄布局和村庄建设规划，把硬件建设好，把软件开发好，持续推进县乡村公共服务一体化，推进农村移风易俗。要害，即解决好种子和

---

① 斤为非法定计量单位，1斤=0.5千克。

耕地两个要害问题。种子方面，要坚持把科技自立自强摆上农业农村现代化的突出位置，坚决打好种业翻身仗，早日实现重要农产品的种源自主可控。耕地方面，严防死守 18 亿亩[①]耕地红线，要稳数量、提质量，守住粮食生产的命根子，支撑国家粮食安全和现代农业发展。同时，要推进创新驱动、科教兴农、人才强农，提高农业机械化、信息化水平，支撑国家粮食安全和现代农业发展。改革，即围绕推动小农户与现代农业有机衔接，深化新一轮农村改革，着力激发农业农村发展动力活力。要巩固和完善农村基本经营制度，持续深化农村产权制度改革，健全农业支持保护制度，推动城乡融合发展体制机制和政策体系落地见效。

8. 什么是农业全产业链？

农业产业链是农产品从前期研发、农资生产开始，到农业生产、农产品加工、品牌创造、销售及物流，最后通过市场到达消费者手中的一个具体发展过程。农业全产业链是农业经济组织（本教材所指农业经济组织是指为了实现一定的经济目标和任务而从事农业生产经营活动的单位或群体）在发展过程中，为了对整条产业链上重

---

① 亩为非法定计量单位，1 亩≈667 米^2。

要环节实现较强的管控，以市场为核心，对业务范围进行横向和纵向的扩张，将传统的上游原材料供应、中游生产加工、下游市场营销等全部纳入农业经济组织掌控之中的发展方式，也称为“一条龙”经营模式。农业经济组织实施全产业链战略在一定程度上要走多元化道路，这容易导致业务重心分散，如果无法发挥协同效用，会消耗农业经济组织的优势资源。因此，实施农业全产业链战略的重点是把产业链变成一个整体，将人、财、物、信息和技术等资源在产业链各环节进行有效配置，提高产业链各环节的协调性，降低市场交易成本和不确定性，进而比单一环节经营创造更多的价值。同时，通过业务整合，做到全产业链均衡发展，提升整体竞争实力。

9. 什么是农村一二三产业融合发展？

农村一二三产业融合发展是以农业为基本依托，通过产业链延伸、产业功能拓展、要素集聚、技术渗透及组织制度创新，将资本、技术以及资源要素进行跨界集约化配置，使农业内部各部门之间，农业与第二、第三产业之间融合渗透、交叉重组，形成农业新产业新

《国务院办公厅关于推进农村一二三产业融合发展的指导意见》

业态新模式的新型农业组织方式和过程。农村一二三产业融合发展要打破一二三产业的边界，不断拓展农业的生产、生活、生态功能，促进农业生产、农产品加工流通、农产品销售和农业休闲旅游等融合发展，实现“1+1+1>3”的产业融合效果，实现经济效益、社会效益、生态效益的最大化和统一。

农村一二三产业融合方式多样，有农业内部交叉融合模式，如“鱼菜共生”“鱼稻共生”种养循环模式。有农业产业链延伸融合模式，如农产品深加工、农产品“产加销、贸工农”一体化，推动农产品从田间到餐桌、从初级产品到终端消费者无缝对接。有农业功能拓展融合模式，如休闲旅游、农耕体验、节庆采摘、农业特色小镇等，将农业与旅游、教育、文化、康养等产业深度有机融合。有先进要素渗透融合模式，如“互联网+现代农业”，将现代信息技术应用于农业生产、经营、管理和服务；将科技、人文等元素融入农业，发展农田艺术景观、阳台农艺等创意农业。

10. 什么是粮食生产功能区和重要农产品生产保护区?

2017 年印发的《国务院关于建立粮食生产功能区和重要农产品生产保护区的指导意见》，

正式提出“两区”概念，即粮食生产功能区和重要农产品生产保护区。粮食生产功能区包括稻谷、小麦、玉米三大谷物粮食生产功能区。粮食生产功能区划定目标：以东北平原、长江流域、东南沿海优势区为重点，划定水稻生产功能区 3.4 亿亩；以黄淮海地区、长江中下游、西北及西南优势区为重点，划定小麦生产功能区 3.2 亿亩（含水稻和小麦复种区 6 000 万亩）；以松嫩平原、三江平原、辽河平原、黄淮海地区以及汾河和渭河流域等优势区为重点，划定玉米生产功能区 4.5 亿亩（含小麦和玉米复种区 1.5 亿亩）。

《国务院关于建立粮食生产功能区和重要农产品生产保护区的指导意见》

重要农产品生产保护区包括大豆、棉花、油菜籽、糖料蔗、天然橡胶等五类重要农产品生产保护区。重要农产品生产保护区划定目标：以东北地区为重点，黄淮海地区为补充，划定大豆生产保护区 1 亿亩（含小麦和大豆复种区 2 000 万亩）；以新疆为重点，黄河流域、长江流域主产区为补充，划定棉花生产保护区 3 500 万亩；以长江流域为重点，划定油菜籽生产保护区 7 000 万亩（含水稻和油菜籽复种区 6 000 万亩）；以广西、云南为重点，划定糖料蔗生产保护区 1 500 万亩；以海南、云南、广东为重点，划定天然橡胶生产保护区 1 800 万亩。

11. 什么是特色农产品优势区?

特色农产品优势区(以下简称特优区)是指具有资源禀赋和比较优势，产出品质优良、特色鲜明的农产品，拥有较好产业基础和相对完善的产业链条，带动农民增收能力强的特色农产品产业聚集区。2017年10月，国家发展改革委、农业部(现农业农村部)、国家林业局(现国家林业和草原局)联合印发《特色农产品优势区建设规划纲要》，规划到2020年，全国要围绕特色粮经作物、特色园艺产品、特色畜产品、特色水产品、林特产品五大类，创建并认定300个左右国家级特优区。2017年底，农业部等9部门启动了首批中国特优区创建和遴选工作，截至2020年底，已在全国遴选、认定四批共308个地区为中国特优区。特优区的创建以特色农产品生产、加工、流通、销售产业链为基础，发展集科技创新、休闲观光、配套农资生产和制造于一体的特色农业产业集群，培育特色品牌，增强绿色优质中高端特色农产品供给能力，丰富城乡居民的餐桌，促进特色农产品出口，持续带动区域经济增长和农民增

《特色农产品优势区建设规划纲要》

收。2020年7月，农业农村部等7部门印发《中国特色农产品优势区管理办法（试行）》，进一步明确了特优区的申报认定、组织管理、监测评估等工作，对特优区每四年评估一次，对评估不达标的将限期整改或撤销称号，推进特优区规范化管理。

12. 农村集体产权制度改革的主要目的和意义是什么？

农村集体产权制度改革是党中央、国务院推出的一项管长远、管根本、管全局的重要改革，是巩固社会主义公有制、完善农村基本经营制度的必然要求，也是维护农民合法权益、增加农民财产性收入的重大举措。2016年出台的《中共中央 国务院关于稳步推进农村集体产权制度改革的意见》，明确提出农村集体产权制度改革以明晰农村集体产权归属、维护农村集体经济组织成员权利为目的，以推进集体经营性资产改革为重点任务，以发展股份合作等多种形式的合作与联合为导向，坚持农村土地集体所有，坚持家庭承包经营基础性地位，探索集体经济新的实现形式和运行机制，不断解放和发展农村社会生产力，促进农业发展、农民富裕、农村繁荣，为推进城乡协调发展、巩固党在农村的执政基础提供重要支撑和保障。目标是通过改革，逐步构建归属清晰、权能完整、流转顺畅、保护严格的中国特色社会主义农村集体产权制度，保护和发展农民作为农村集体经济组织成员的合法权益。科学确认农村集体经济组织成员身份，明晰集体所有产权关系，发展新型集体经济；管好用好集体资产，建立符合市场经济要求的集体经济运行新机制，促进集体资产保值增值；落实农民的土地承包权、宅基地使用权、集体收益分配权和对集体经济活动的民主管理权利，形成有效维护农村集体经济组织成员权利的治理体系。党的十九届五中全会又明确了“深化农村集体产权制度改革，发展新型农村集体经济”的时代任务。当前，中国特色社会主义进入新时代，新形势下推进农村集体产权制度改革，是激活农村资源要素、实现乡村振兴的必然要求，是促进农民增收、实现共同富裕的制度安排，是维护农村社会政治稳定、强化乡村治理的重要举措，具有重大而深远的意义。

13. 如何参加国家公益性农村实用人才带头人培训？

2006 年起，农业部、中央组织部在全国范围内开展农村实用人才带头人示范培训工作。培训对象主要包括村组干部、大学生村官、第一书记等农村基层组织管理人员，种养大户、农民合作组织和农业企业负责人、家庭农场主等新型农业经营主体和服务主体带头人以及返乡入乡创业创新人员等。示范培训定位于提升理念、开阔思路和增强能力，按照“村庄是教室、村干部是教师、现场是教材”的模式开展培训，包括经验传授、专题讲座、现场教学、研讨交流四部分课程，并依托全国新农村建设先进村和现代农业发展先进村建设了部省级农村实用人才培训基地体系。截至2020年底，共培养了超过16万名创业兴业水平高、致富带富能力强的骨干，为乡村振兴提供了有力的人才支撑，在带动各地农业农村人才培养、服务基层组织建设、促进农民交流合作、推动现代农业发展等方面都取得了显著成效，已成为全国农业农村人才培养工作品牌。参训学员由各级农业农村部门和组织部门统一择优选调，原则上年龄在60岁以下，村党组织书记、村民委员会主任、“三支一扶”选调生、党员骨干以及种养大户、家庭农场主、农民合作社负责人、乡村能工巧匠、返乡下乡创业创新人员中的带头人等，都可自主申报参加培训。有意参训人员可关注各省级农业农村部门、组织部门年度培训信息，按实际要求进行申报。

14. 如何获取农村实用人才培训学习资源？

中央农业广播电视学校（农业农村部农民科

技教育培训中心）是集教育培训、技术推广、科学普及、信息传播和农民体育运动指导等多种功能为一体的农民教育培训专门机构，也是我国运用现代远程教育手段多形式、多层次、多渠道开展农民教育培训、农村人才培养的主渠道和主力军。农村实用人才可根据自身需求，通过以下渠道获取中央农业广播电视学校（农业农村部农民科技教育培训中心）面向全国提供的各类学习资源。

一是广播学习资源。主要包括在中央人民广播电台开设的《三农早报》《乡村讲堂》两档日播栏目，内容涉及“三农”政策信息、农业科技知识、农业实用技术、文明生活方式等，每天播出总时长为1小时（图1－1）。

图1－1 广播学习资源

二是电视学习资源。

（1）在中央电视台农业农村频道（CCTV－17）开设的《田间示范秀》栏目，每日首播时长为1小时（图1－2），对标产业兴旺、人才振兴，帮助农户破解生产经营难题，向农户传授先进科学的生产经营理念，手把手教农户掌握实用技能、处理实际问题。

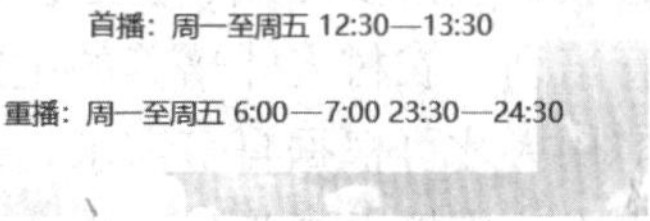

首播：周一至周五 12:30—13:30

重播：周一至周五 6:00—7:00 23:30—24:30

图 1-2 《田间示范秀》栏目播出时间

（2）在中央组织部全国农村党员干部现代远程教育卫星数字专用频道开设的《农业生产经营》栏目，内容涉及种植、养殖、贮藏加工、经营管理、农家生活、政策法规等，每天播出时长为 1 小时（图 1-3）。

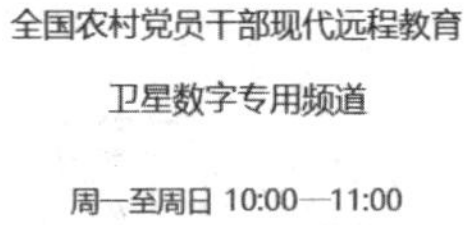

全国农村党员干部现代远程教育

卫星数字专用频道

周一至周日 10:00—11:00

图 1-3 《农业生产经营》栏目播出时间

三是网络学习资源。主要包括中国农村远程教育网（http://www.ngx.net.cn/）“在线学习”、农村实用人才带头人之家在线学习平台（http://www.ngx.net.cn/ztzl/ncdtr/）“培训课程”栏目提供的各类在线学习资源，包括：农村实用人才带头人培训课程、高素质农民培育课程、农业农村实用技术、农业科技人员知识更新课程、中等职业教育课程等。云上智农 App（图 1-4）提供在线学习、专家答疑、培训申请等服务，学习资源内容涉及粮油、果蔬、畜禽、水产、经营管理等。

云上智农App

图 1-4　云上智农 App

模块二　农业绿色发展

1. 什么是农业绿色发展?

农业绿色发展是指农业发展方式从过去的高投入、高消耗向资源节约、环境友好型农业转变，核心要义是统筹协调农业发展的经济效益、社会效益、环境效益和生态效益，即实现资源节约、环境友好、生态保育、质量高效，突出强调农业产地环境、生产过程和农产品实现绿色化，也包含制度和体制机制的绿色化。农业绿色发展需要解决的突出问题有着力解决农业资源趋紧问题、着力解决农业面源污染问题、着力解决农业生态系统退化问题、着力解决农产品质量安全问题。农业绿色发展有三个关键要素：一是农业经济增长与碳排放和环境退化脱钩；二是绿色投入品、绿色技术、绿色投资和消费带动经济增长；三是绿色发展与经济增长形成相互强化的良性循环，良好的环境、优质的农产品、休闲旅游收入成为经济增长的源泉。农业绿色发展的目标就是要按照“农业资源环境保护、要素投入精准环保、生产技术集约高效、产业模式生态循环、质量标准规范完备”的要求，加快绿色投入品创制步伐，显著提升绿色技术供给能力，基本建立绿色发展制度与低碳模式，建立健全绿色标准体系，基本健全农业资源环境生态监测预警机制。作为农村实用人才带头人，应具备绿色发展意识，坚持绿色生产、可持续发展，处理好当前与长远利益的关系，保护生态环境，生产安全、放心、可靠的高品质农产品，践行文明健康的生产生活方式，确保生产、生活、生态协调发展。

2. 农业绿色发展五大行动是什么?

为增强农业可持续发展能力，提高农业发展的质量效益和竞争力，针对当前农业绿色发展面临的突出问题和短板，自 2017 年起，农业部启动实施农业绿色发展五大行动。

（1）畜禽粪污资源化利用行动。以畜牧大县和规模养殖场为重点，加快构建种养结合、农牧循环的可持续发展新格局。在畜牧大县开展畜禽粪污资源化利用试点，集成推广畜禽粪污资源化利用技术模式，支持养殖场和第三方市场主体改造升级处理设施，提升畜禽粪污处理能力。

（2）果菜茶有机肥替代化肥行动。以发展生态循环农业、促进果菜茶质量效益提升为目标，以果菜茶优势产区、核心产区、知名品牌生产基地为重点，大力推广有机肥替代化肥技术，加快推进畜禽养殖废弃物及农作物秸秆资源化利用，实现节本增效、提质增效。

（3）东北地区秸秆处理行动。以玉米秸秆处理利用为重点，以提高秸秆综合利用率和黑土地保护为目标，大力推进秸秆肥料化、饲料化、燃料化、原料化、基料化利用，加强新技术、新工艺和新装备研发，加快建立产业化利用机制，不断提升秸秆综合利用水平。积极推广深翻还田、秸秆饲料无害防腐和零污染焚烧供热等技术，探索综合利用模式。

（4）农膜回收行动。以西北为重点区域，以棉花、玉米、马铃薯为重点作物，以加厚地膜应用、机械化捡拾、专业化回收、资源化利用为主攻方向，连片实施，整县推进，综合治理。推广使用加厚地膜，推进减量替代；推动建立以旧换新、经营主体上交、专业化组织回收、加工企业回收等多种方式的回收利用机制。

（5）以长江为重点的水生生物保护行动。坚持生态优先、绿色发展、减量增收、减船转产，逐步推进长江流域全面禁捕，率先在水生生物保护区实现禁捕，修复沿江近海渔业生态环境。引导和支持渔民转产转业，推动水产养殖减量增效。实施珍稀濒危物种拯救行动，加强水生生物栖息地保护。

3. 什么是高标准农田?

高标准农田是指土地平整、集中连片、设施

完善、农电配套、土壤肥沃、生态良好、抗灾能力强，与现代农业生产和经营方式相适应的旱涝保收、高产稳产，划定为永久基本农田的耕地。国家加强高标准农田建设的目的是保证粮食产量和粮食安全，解决农村目前部分可耕地高低不平、农田环境面貌零乱、农田灌排系统不配套、抗灾能力较低等问题，提高耕地质量，增加耕地面积，增加高标准农田农民的收入，实现经济、社会、生态三方效益共赢。

2021 年中央 1 号文件提出，实施新一轮高标准农田建设规划，提高建设标准和质量，健全管护机制，多渠道筹集建设资金，中央和地方共同加大粮食主产区高标准农田建设投入，2021 年建设 1 亿亩旱涝保收、高产稳产高标准农田。加强高标准农田建设，一是坚持耕地质量与高标准农田基础工程同步建设，对纳入高标准农田建设的耕地要同步开展深耕深松、土壤有机质提升、土壤养分平衡和土壤生物平衡工程建设，提高耕地质量和基础地力，使高产田持续高产、中低产田的农业综合生产能力大幅提高。二是坚持田间监测体系与高标准农田建设同步完善，在高标准农田项目建设中，统筹布局耕地质量监测点，完善耕地质量监测体系和信息管理平台，全面掌握耕地质量变化情况。三是坚持推广农业新技术与高标准农田建设同步实施，实施高标准农田建设的农田，要同步开展高产创建、测土配方施肥、水肥一体化、统防统治和农业机械化耕种，不断提高农田产出水平，提高高标准农田工程建设效益，实现高标准农田的高产目标。

4. 什么是轮作休耕?

耕地轮作是在同一块田地上，有顺序地在季节间或年际间轮换种植不同的作物或复种组合的一种种植方式。耕地休耕是指为了让土地休养生息而在一定时期内采取的保护、养育、恢复地力的措施。应结合地区实际情况，选择轮作和休耕模式。

（1）轮作。重点在东北冷凉区、北方农牧交错区、长江流域稻麦与稻油低产低效区等实施轮作模式。主推模式：玉米与大豆轮作，发挥大豆根瘤菌固氮养地作用，增加优质食用大豆供给；玉米与马铃薯等轮作，解决重迎茬问题，减轻土传病虫害，改善土壤物理结构；籽粒玉米与青贮玉米、饲用油菜、饲草作物轮作，以养带种、以种促养，满足草食畜牧业发展需要；玉米与杂粮杂豆轮作，减少灌溉用水，满足多元化消费需求；玉米与油料作物轮作，增加食用植物油供给；水稻与绿肥轮作，发挥绿肥肥田作用，减少化肥用量。

（2）休耕。重点在地下水漏斗区和超采区、重金属污染区和生态严重退化区实施休耕模式。主推模式：河北省黑龙港地下水漏斗区，实行“一季休耕、一季雨养”，将需抽水灌溉的冬小麦休耕，只种植雨热同季的春玉米、马铃薯和耐旱、耐瘠薄的杂粮杂豆。黑龙江寒地水稻井灌区、新疆塔里木河地下水超采区，种植绿肥等养地作物。湖南长株潭重金属污染区，建设防护隔离带，阻控污染源，采取施用石灰、翻耕、种植绿肥等农艺措施，以及生物移除、土壤重金属钝化等措施，修复治理污染耕地。西南石漠化区、西北生态严重退化区，调整种植结构，改种防风固沙、涵养水源、保护耕作层的植物。同时减少农事活动，促进生态环境改善。

5. 什么是测土配方施肥?

测土配方施肥就是在农业科技人员的指导下科学施用配方肥料，其技术核心是调节和解决作物需肥与土壤供肥之间的矛盾，有针对性地补充作物所需的营养元素，作物缺什么元素补什么元素，需要多少补多少，实现各种养分的平衡供应，满足作物的需要，达到提高肥料利用率、减少肥料用量、提高作物产量、改善作物品质、节支增收的目的。测土配方施肥技术包括测土、配方、配肥、供肥、施肥指导五个核心环节。

（1）测土。通过开展土壤氮磷钾及中微量元素养分含量测定，了解土壤供肥能力。要了解土壤养分状况，可以到当地农业农村部门查询，或委托专业检测机构进行取土化验。

（2）配方。根据测土结果，结合土壤状况、耕作制度、作物类型和专家经验等，提出不同作物的优化施肥量，基肥和追肥分配比例，施肥时期和施肥方法。要了解自家田块施肥方案，可通过县域施肥专家咨询系统或测土配方施肥手机软件查询获取。

（3）配肥。根据肥料配方配制肥料。目前配肥主要有两种方式：一是由肥料企业按照配方加工生产配方肥，农民购买施用；二是农民按照配方，购买单质肥料，自行混配施用。

（4）供肥。即将配方肥供应到户的过程。生产配方肥后，企业将配方肥供应到户、供应到田，并指导农民合理施用配方肥，提供技术咨询服务。

（5）施肥指导。施肥技术指导主要有两类主体：一类是农业技术推广、科研教学单位的专业技术人员，通过开展培训、建立农民田间学校、开展田间示范等方式指导农民科学施肥；另一类是企业农化服务人员，通过技术服务指导农民科学用肥。

6. 有机肥替代化肥的意义是什么？

（1）促进化肥减量增效。我国农作物亩均化肥用量 21.9 千克，远高于世界平均水平，是美国的 2.6 倍、欧盟的 2.5 倍。而果树亩均化肥用量是日本的 2 倍多、美国的 6 倍、欧盟的 7 倍，蔬菜亩均化肥用量比日本高 12.8 千克、比美国高 29.7 千克、比欧盟高 31.4 千克。此外，我国有机肥资源养分利用率不足 40%。畜禽粪便养分还田率为 50% 左右，秸秆养分还田率仅为 35%左右。开发利用有机肥资源，实施有机肥替代化肥，可有效减少化肥用量 20%以上，亩均节省开支 300 元左右，实现节本增效。

（2）提高农产品产量品质。推进有机肥替代化肥，用健康的土壤生产优质的农产品。虽然化肥用量减少了，但通过集成推广有机肥替代化肥技术模式，开展专业化、标准化生产，农产品产量不降反升。同时，农产品品质也有明显改善。据检测，施用有机肥的果园果实外观明显改善、内在品质明显提高，果皮花青素含量增加20%～30%，维生素 C 含量提高 10%～20%。产量和品质的提高，提升了农产品附加值，种植户收入增加，产业效益明显提升。

（3）改善农业生态环境。实施有机肥替代化肥，能有效缓解化肥过量施用问题，减少化肥氮磷流失和畜禽粪便产生的面源污染，减轻土壤、水体环境恶化。合理开发有机肥资源，利用畜禽粪便、沼渣沼液、秸秆等资源积造有机肥，打通了农业废弃物循环利用的通道，实现“污染源”向“资源”的转化。同时，通过增施有机肥，改善了土壤理化性状，增加了土壤有机质含量，提高了地力，实现农业绿色健康发展。

7. 农业病虫害绿色防控是什么？

农作物病虫害绿色防控，是指采取生态调控、生物防治、物理防治和科学用药等环境友好型措施，控制农作物病虫害的植物保护措施。推进绿色防控是贯彻“预防为主、综合防治”植保方针，实施绿色植保战略的重要举措。

（1）绿色防控是持续控制病虫害，保障农业生产安全的重要手段。目前我国防治农作物病虫害主要依赖化学防治手段，在控制病虫危害损失的同时，也带来了病虫抗药性上升和病虫暴发概率增加等问题。通过推广应用生态调控、生物防治、物理防治、科学用药等绿色防控技术，不仅有助于保护生物多样性，降低病虫害暴发概率，实现病虫害的可持续控制，而且有利于减轻病虫危害损失，保障粮食丰收和主要农产品的有效供给。

（2）绿色防控是促进标准化生产，提升农产品质量安全水平的必然要求。传统的农作物病虫害防治措施既不符合现代农业的发展要求，也不能满足农业标准化生产的需要。大规模推广农作物病虫害绿色防控技术，可以有效解决农作物标准化生产过程中的病虫害防治难题，显著降低化学农药的使用量，避免农产品中的农药残留超标，提升农产品质量安全水平，增强市场竞争力，促进农民增产增收。

（3）绿色防控是降低农药使用风险，保护生态环境的有效途径。病虫害绿色防控技术属于资源节约型和环境友好型技术，推广应用生物防治、物理防治等绿色防控技术，不仅能有效替代高毒、高残留农药的使用，而且能降低生产过程中的病虫害防控作业风险，避免人畜中毒事故。同时，还能显著减少农药及其废弃物造成的面源污染，有助于保护农业生态环境。

8. 化肥农药减量增效技术措施有哪些?

实现化肥减量增效的措施有以下四项：①“精”，即推进精准施肥。要根据不同区域土壤条件、作物产量潜力和养分综合管理要求，合理制定作物单位面积施肥限量标准，减少盲目施肥行为。②“调”，即调整化肥使用结构。优化氮、磷、钾配比，配合施用中微量元素。引导肥料产品优化升级，大力推广高效新型肥料。③“改”，即改进施肥方式。大力推广测土配方施肥技术，提高农民科学施肥意识和技能。应用施肥设备，改表施、撒施为机械深施、水肥一体化、叶面喷施等方式。④“替”，即有机肥替代化肥。通过合理利用有机养分资源，用有机肥替代部分化肥，实现有机无机相结合。提升耕地基础地力，用耕地内在养分替代外来化肥养分投入。

实现农药减量增效的措施有以下四项：①抓好绿色防控。应用农业防治、物理防治、生物防治等绿色防控技术，创建有利于作物、天敌生长而不利于病虫害发生的环境条件，实现不发生或少发生病虫害，从而达到少用药的目的。②推行替代行动。用低毒低残留农药替代高毒高残留农药、高效大中型药械替代低效小型药械。大力推广应用生物农药、高效低毒农药，替代高毒高残留农药。开发应用现代植保机械，提升雾化和沉降度，防止跑冒滴漏，提高农药利用率。③推行精准施药。重点是精准对靶施药、对症适时适量施药。在准确诊断病虫害的基础上，对症用药，避免乱用药。根据病虫害监测预报，坚持达标防治，在最佳防治期用药。严格按照农药使用说明要求的剂量和次数施药，避免盲目加大施用剂量、增加施用次数。④推行病虫害统防统治。扶持专业化防治组织、新型农业经营主体，大规模开展专业化统防统治，提高防治效率、效果和效益，解决一家一户“打药难”“乱打药”等问题。

9. 农田节水灌溉的方式有哪些?

节水灌溉是为了减少田间输水过程中和田间灌水过程中水的损失，提高灌溉水效率。目前我国推广的节水灌溉方式主要有：①渠道防渗。是指采用防渗材料，提高渠系水利用系数，具有输水快等优点，是当前我国节水灌溉的主要措施之一。②管道输水。是指利用管道将水直接送到田间灌溉，以减少水在明渠输送过程中的渗漏和蒸发损失。③喷灌。是指借助水泵和管道系统或利用自然水源的落差，把具有一定压力的水喷洒成小水滴或形成弥雾降落到作物上和地面上的灌溉方式。④滴灌。是指利用塑料管道将水通过毛管上的孔口或滴头送到作物根部进行局部灌溉。这是目前干旱缺水地区最有效的一种节水灌溉方式。⑤微喷。是指通过 PE（聚乙烯）塑料管道输水，通过微喷头喷洒进行局部灌溉。⑥膜上灌溉。是指用地膜覆盖垄沟底部，引入的灌溉水从地膜上面流过，并通过膜上小孔渗入作物根部附近的土壤中进行灌溉。⑦膜下滴灌。是指将滴灌管放在膜下，或利用毛管通过膜上小孔进行灌溉。⑧控制灌溉。是指根据作物不同生育期对水分的不同需求，进行“薄、浅、湿、晒”控制灌溉。⑨坐水种。是指在一些水源短缺的地方，为保全苗，采用机械或畜力用水箱、水袋拉水，在播种时进行点灌，以解春旱，俗称坐水种。⑩平整改造灌溉。是指通过平整土地，采取改进灌水沟畦规格等综合措施，使灌水均匀，以达到节水的目的。⑪测墒灌溉。是指根据土壤墒情和作物需水规律，科学制定灌溉制度，合理确定灌溉时间和灌溉水量。

10. 规模养殖畜禽粪污资源化利用如何实现?

畜禽粪污资源化利用要坚持源头减量、过程控制、末端利用的治理路径，通用技术分为三大类。

（1）养殖源头减量。在畜禽养殖过程中，通过使用微生物饲料，增加畜禽肠道内益生菌含量，更好地促进饲料的消化和吸收，减少畜禽粪污排放量；通过添加复合酶、植酸酶，提高饲料转化率，减少粪污中氮、磷含量；根据畜禽每日需求量投放饲料，避免因过度投食产生多余废弃物。同时，在保证生产效益的基础上，利用节水节料、雨污分流等技术，从畜禽养殖源头入手，减少粪污排泄量，降低处理成本。

（2）养殖过程减排控制。通过一定技术手段，在废弃物产生的同时进行处理和利用，能够提高畜禽粪污处理效率并避免二次污染。利用腐生生物直接将畜禽粪污转化为营养价值较高的动物蛋白，用作饲料或进一步加工销售；规模化养牛场通过自动刮粪板清粪，粪污经过固液分离和发酵处理可直接作为牛床垫料；生猪养殖场户通过发酵床或异位发酵床技术，在粪污产生的同时进行干湿分离、降解处理，提高了粪污处理效率。

（3）养殖末端循环利用。通过种养结合、农牧循环实现粪污就地转化，采用先进的工艺和技术，建立畜牧业与种植业紧密结合的生态经济体系，解决养殖场环境污染问题，使畜禽粪便得到高效利用。该模式中有代表性的做法有“畜禽—沼—果”“牛—沼—鱼”“猪粪—沼液—牧草—畜”等，实现畜禽粪污资源的高效、安全利用。

11. 什么是休渔禁渔制度？

休渔禁渔制度是《中华人民共和国渔业法》确定的保护水生生物资源的一项重要措施。为了让海洋中的鱼类有充足的繁殖和生长时间，每年在规定的时间内，禁止任何人在规定的海域内捉鱼，对鱼类的生长起到很好的保护作用。休渔期一般是在伏季。禁渔区是常年不允许捕捞的，主要是在鱼类繁殖场或越冬场。我国目前已经实现了长江、珠江、淮河、黄河、海河、辽河和松花江七大重点流域禁渔期制度全覆盖和主要江河湖海休渔禁渔制度全覆盖。休渔禁渔制度的实施，在降低捕捞强度、保护渔业资源和水域生态环境、维护水生生物多样性、提高广大民众的资源环境保护意识等方面发挥了重要作用，取得了良好的生态、社会和经济效益。2019 年 12 月，农业农村部发布《农业农村部关于长江流域重点水域禁捕范围和时间的通告》，宣布从 2020 年 1 月 1 日 0 时起，开始实施长江十年禁渔计划，其间禁止天然渔业资源的生产性捕捞。

休渔禁渔制度的贯彻实施，一要注意健全完善资源环境保护相关法律法规，从法律上保障禁渔休渔制度的实施。二要注意强化捕捞强度控制和渔船管理，推进渔具标准化管理、不断完善休渔禁渔制度、开展限额捕捞管理研究等，积极推进从事捕捞作业的渔民转产转业。三要注意不断加强濒危水生野生动植物和水产种质资源保护，建设一批水生生物自然保护区和水产种质资源保护区，严厉打击非法捕捞、经营、运输水生野生动植物及其产品的行为。四要注意着力发展海洋牧场，加强人工鱼礁投放，加大渔业资源增殖放流力度。

12. 什么是生态循环农业？

生态循环农业又称生态农业，是按照生态学原理和经济学原理，运用现代科学技术成果和现代管理手段，以及传统农业的有效经验建立起来的，能获得较高的经济、生态和社会效益的现代化农业。生态循环农业的核心是循环发展，是一种以“资源—产品—废弃物—再生资源”为经济模式的，物质循环利用的闭环式发展，可以实现资源节约、生产高效、污染排放少的农业可持续发展。生态循环农业的主要特征是生态、循环、优质、高效、持续，以实现人与自然、人与社会和谐发展为最终目的，具有“内生”与“外生”双生循环系统。“内生”循环是指生态农业企业内部以某个或多个特色农产品的产业链为中介构成的系统小循环；“外生”循环主要是指生态农业主体与社会外界不同产业的生产部门形成的产业融合联结、资源循环利用、废弃物闭合式消纳的社会系统大循环。

13. 农膜回收的重要意义是什么？

农膜覆盖具有增温、保水、保肥、改善土壤理化性质、提高土壤肥力、抑制杂草生长、减轻病害等作用，能有效促进作物生长发育，增加产量。但随着农膜用量和使用年限的不断增加，在局部地区造成了“白色污染”，成为农业绿色发展面临的突出问题，推进农膜回收十分紧迫和重要。

（1）农膜回收是生态环境保护的需要。2019年，我国农膜总用量达240.8万吨，其中地膜用量占比达到57.27%，全国农膜回收利用率达到

80%以上。残膜弃于田间地头，被风吹至房前屋后、田野树梢，影响村容村貌和生态环境。推进农膜回收，生产再生塑料制品，变废为宝，有利于资源节约、改善农村人居环境。

（2）农膜回收是耕地资源保护的需要。近年来，覆膜农田土壤均有不同程度的地膜残留，局部地区亩均残膜量达4～20千克。残留地膜破坏了土壤结构，导致土壤板结，影响作物出苗，阻碍根系生长，导致农作物减产。推进农膜回收，有利于防治农田土壤残膜污染，防止土壤质量恶化，保护宝贵的耕地资源。

（3）农膜回收是农业提质增效的需要。地膜残留影响播种质量，阻止农作物根系生长，影响水分和养分吸收。棉花中混入残膜，会导致棉花的商品性变差、效益下降；土壤中的农膜残留会导致花生水分减少，影响花生生长和品质等。推进农膜回收，有利于提升农产品品质，提高农业生产效益。

14. 农业废弃物处理方式及资源化利用方式有哪些？

针对畜禽粪污、病死畜禽、农作物秸秆、废旧农膜及废弃农药包装物等不同废弃物的特点，应优化集成处理技术方案，探索有效利用路径。

（1）畜禽粪污。一是对不能自行处理废弃物的中小规模养殖场、养殖小区及散养户，实行干湿分离，干粪生产有机肥，尿液污水进行发酵处理；二是开展农村沼气工程专业化建设、管理、运营，实现沼气高值高效利用，沼渣沼液充分还田或被制成商品化有机肥。

（2）病死畜禽。健全完善病死畜禽收集暂存体系，建设专业化病死畜禽无害化处理中心，配备相应收集、运输、暂存和冷藏设施，以及无害化处理设施设备。有条件的地方探索开展副产品深加工，生产工业油脂、有机肥、无机炭等产品。

（3）农作物秸秆。采取肥料化、饲料化、燃料化、基料化、原料化等多种途径，着力提升综合利用水平。一是采用秸秆粉碎还田机、深松机等设备，促进秸秆就地还田；二是生产优质粗饲料产品，建设青（黄）贮窖；三是生产固化成型燃料沼气或生物天然气；四是生产食用菌基料和育秧、育苗基料；五是生产秸秆板材和墙体材料。

（4）废旧农膜及废弃农药包装物。参照《农用薄膜管理办法》，完善农用地膜产品标准，提高准入标准，鼓励回收地膜。探索基于市场机制的回收处理机制，对废弃农药包装物实施无害化处理和资源化利用。

15. 设施农业的优势是什么？

设施农业是指在环境相对可控条件下，采用

工程技术手段和工业化生产方式，改变自然光温条件，创造优化动植物生长的环境因子，使之能够全天候生长，在最经济的生长空间内，获得最高的产量、品质和经济效益的一种高效农业。核心设施有环境安全型温室、环境安全型畜禽舍、环境安全型菇房。关键技术是能够最大限度利用太阳能的覆盖材料，做到寒冷季节高透明高保温、夏季能够降温防苔，并且起到防尘抗污作用等。设施农业主要包括设施种植和设施养殖两大类。狭义的设施农业一般是指设施种植，其优势主要有以下三方面：

（1）实现了农业生产环境可控。通过工程技术手段创造可控的生长环境，实现了对温度、光照、湿度、二氧化碳等环境因子的有效控制，环境变化小，避免高低温、灰尘、酸雨等外界环境因素对生产造成危害，为农作物、畜禽或食用菌提供了适宜的生长环境，能够实现全天候及恶劣环境下的农业生产。

（2）促进了农产品生产高质高效。在适宜的设施环境中，可实现水、肥、气、热等环境因子的高效控制，减少逆境因素的影响，有利于实现农业标准化、规范化生产，实现农产品品质提升和产量提高。

（3）实现了高效生产技术集成。设施农业可控的生产环境，为高效生产技术集成应用提供了有利条件。当前在设施农业中，水肥一体化技术、无土栽培技术、自动化技术、物联网技术集成应用较为广泛，是现代农业的高度体现。

16. 转基因技术对农业绿色发展的意义是什么?

根据世界卫生组织的定义，转基因食品就是通过转基因的生物体生产出来的食品。经过科学严格的安全评价、获得政府审批上市的转基因食品是安全的。据统计，自 1996 年批准转基因生物商业化种植以来，全球种植转基因作物已经累计达到 400 多亿亩，涉及 29 个国家，另外还有 40 多个国家和地区进口转基因农产品。转基因技术就是利用现代生物技术，将某个生物的优良基因，经过人工分离，导入另一个生物的基因组中，从而改善生物原有的性状或赋予生物新的优良性状。

（1）减少了农业投入品使用，降低了农业环境风险。农作物病虫害和肥料利用效率影响了农作物产量和品质的提高，而大量的农药、化肥投入使用会破坏生态环境，危害人类健康，增加生产成本，阻碍了农业和环境的可持续发展。利用转基因技术快速和有针对性地对农作物性状进行改良，培育抗病虫害、固氮等优良品种，减少了农药及化肥等农业投入品的使用，同时降低了农业环境风险。

（2）增强了农作物抗逆性，提升了农产品品质。部分地区水资源日趋短缺，旱灾发生区域和频率逐步扩大，降低了农作物的产量。同时土壤盐碱化、土壤酸化及其他环境问题也严重影响农作物生产。利用转基因技术培育抗旱、耐盐碱、抗酸性、抗倒伏、耐保鲜等品种，能增强农作物的环境适应性，减轻自然因素对农业生产的影响，提高农产品品质，促进农业绿色发展。

（3）促进了畜禽品种改良，实现了优质高产。利用转基因技术进行畜禽品种的遗传改良，可以改善畜禽的品质、提高畜禽的产量，对增加肉、蛋、奶及其他畜禽农副产品的生产起到重要作用。此外，利用转基因技术将抗病基因导入易感动物体内，可以有效实现对畜禽疾病的抵抗，从而实现优质高产。

17. 为什么要进行农业标准化生产？

农业标准化是以农业为对象的标准化活动，即运用“统一、简化、协调、优化”的原则，通过制定标准和实施标准，确保农产品的质量安全，促进农产品流通，规范农产品市场秩序，指导生产，引导消费，从而取得经济、社会和生态的最佳效益，达到提高农业竞争力的目的。

（1）农业标准化生产是提升农产品品质，提高农产品竞争力的需要。随着人民生活水平的不断提高，农产品质量安全问题越来越被广大消费者关心和重视。实行农业标准化生产，提高科学合理用药、施肥水平，规范农业生产，有利于提升农产品品质，增强市场竞争力。

(2) 农业标准化生产是促进农业结构调整，增加农民收入的需要。通过实施农业标准化生产，综合运用新技术、新成果，普及推广新品种，可以促进农业生产结构向优质高效调整，全面改善农产品品质，防止盲目生产、不规范生产带来的弊端，提升生产效率，实现优质优价、收入增加。

(3) 农业标准化生产是改善农业生态环境，促进农业绿色发展的需要。农业标准化生产需要对农作物生长环境进行检测和评价，对农产品的产地进行认证管理，进而形成了大气、水质、土壤、噪声等环境质量、污染源检测及控制的相关标准，促进农作物生长环境改善和农业绿色发展。

模块三　农业经营管理

1. 农业生产的基本要素有哪些？

（1）自然资源。以土地和水为代表的自然资源影响着农业劳动生产率的提高、农业生产力的分布以及各地区农业生产结构的形成和发展。

（2）劳动力。劳动力作为农业生产的能动要素和主导力量，不仅是其他生产要素的使用者，还是其他生产要素的创新者和发展者。

（3）资本。农业资本是农业生产和流通过程中所占用的物质资料、劳动力价值形式和货币的表现，也是市场经济条件下，农业生产单位获取各种生产要素所不可缺少的重要手段。按资本形态的不同，分为货币资本和实物资本；按资本来源的不同，分为自有资本和借入资本；按资本在再生产过程中所处阶段的不同，分为生产资本和流通资本；按资本价值转移方式的不同，分为固定资本和流动资本。

（4）科学技术。农业科学技术的发展能促进农业产业的发展，有效提升农产品的价值和竞争力，实现传统农业结构的改造，促进农业结构和产品结构的高级化，提高农业生产力。发展科学技术是建设现代农业的重要举措，是促进农民增收的重要途径，是提高农村治理水平的重要手段。

2. 如何筹集生产经营资金？

（1）国家财政资金。财政支农资金是指国家财政用于发展农业的支出，是经济建设支出的组成部分，集中反映在一定时期内对农业的支持。包括列入预算的农业投资，农业财政对农业增加的投资，以及财政贴息支农资金等。

（2）信贷基金。信贷基金是根据有借有还、借款付息的原则，由银行、农村信用合作社等专职金融机构吸收存款筹集农业资金，支持农业生产经营的资金，是筹集农业资金的重要渠道。主要包括银行信贷资金和农村信用合作社信贷资金。

（3）自有资金。自有资金是指农业生产经营单位依靠自身积累形成的资金。自有资金包括农业经济组织自有资金、农户自有资金以及社区合作经济组织自有资金等。社区合作经济组织的自有资金中，除货币资金外，还包括社员的劳动积累。

3. 土地承包经营与租赁经营有什么区别？

农村土地归农民集体所有，农村集体经济组织成员有权依法承包本村土地。承包方承包土地后，享有土地承包经营权，可以自己经营，也可以保留土地承包权，流转其承包地的土地经营权，由他人经营。土地流转是土地经营权的流转。拥有土地承包经营权的农户，在土地承包期限内，可以通过转包、转让、入股、合作、租赁、互换等方式将土地经营权（使用权）转让给其他农户或经济组织，即保留承包权，转让使用权。其中，土地租赁是某一土地的所有者与使用者在一定时期内相分离，土地使用者在使用土地期间向土地所有者支付租金，期满后，土地使用者归还土地的一种经济活动。土地经营权流转不得改变土地所有权的性质和土地的农业用途，不得破坏农业综合生产能力和农业生态环境，流转期限不得超过承包期的剩余期限；在同等条件下，所在集体经济组织成员享有优先权。土地承包经营与租赁经营主要的区别有：①土地承包经营权是用益物权，土地租赁权是债权；②土地承包一般由农村集体经济组织内部的家庭承包，土地租赁则一般由农村集体经济组织以外的人租赁；③土地承包签订土地承包合同，土地租赁一般签订土地使用权租赁合同。区分土地经营权的形式是土地承包还是租赁，具有重要意义。比如，土地承包会享受土地承包 30 年的政策，土地租赁要受相关法律条款的约束等。

4. 如何做好薪酬管理？

（1）合理制定薪酬差距。明确岗位价值以及职位等级，合理安排各岗位的薪酬制度，做到有据可循，避免薪酬制度与岗位贡献不统一。

（2）追求公平目标。员工获得的薪酬应当与其付出相匹配；不同员工获得的薪酬应当与其为农业经济组织带来的价值相匹配。

（3）薪酬制度公开透明。农业经济组织在实行薪酬制度时应使员工了解薪酬制度的相关内容以及实行过程，实现薪酬制度的公开透明。薪酬制度公开透明有助于增强员工的归属感以及对农业经济组织的信任感；有利于加强组织的内部沟通，减少因薪酬问题而产生的纠纷，完善薪酬制度。

（4）实现薪酬的多元化。工资、奖金、津贴、福利都属于薪酬制度的范围，进修、学习、晋升等手段也属于薪酬制度的相关内容。农业经济组织不仅要完善员工经济方面的薪酬制度，也要注意员工的精神需求，做到薪酬制度的多元化。在保证基本薪酬制度相对稳定的前提下，实现奖励形式的多变，做到以人为本，根据员工需求制订更合理的薪酬激励方案。

5. 怎样科学管好用好农用装备？

（1）做好日常检测维护。技术人员应当对农用装备进行定期的检测和维护，以预防农用装备在使用过程中可能出现的问题。每次使用设备前，需要进行相关的安全检查。

（2）建立完善的设备管理体系。在农业经济组织中，建立一套完善的设备管理体系，使管理更加规范化和标准化，农用装备的使用过程更加常态化。农用装备工作前，规范地进行流程化检查；工作中，由专业的技术人员进行操作；工作后，由专业人员确定装备进入待机状态，提升装备的运行效率，从而生产出更优质的产品，为提高农业经济组织的经济效益奠定基础。

（3）严格落实岗位职责。加强对农用装备操作人员的技术考核，实行定人定机的制度，确保机器专人负责。严格落实岗位职责，有利于提升操作人员对农用装备的熟悉程度，有助于及时发现问题并且解决问题。

（4）提高工作人员的安全管理意识和能力。强化工作人员对农用装备安全隐患的防范意识，定期培训普及农用装备维修技术、安全管理知识等，并定期开展学习交流活动，加深工作人员对农用装备的认识和了解，提高工作人员对装备安全问题的发现和处理能力。

6. 物联网技术在农产品物流中有哪些应用？

物联网主要技术体系包括：①物联网感知技术。主要包括 RFID 技术（无线射频识别技术，俗称电子标签，可通过无线电讯号识别特定目标并读写相关数据，而识别系统与特定目标之间无须建立机械或光学接触）、卫星定位技术、视频与图像感知技术、传感器感知技术以及扫描、红外、激光和蓝牙等其他感知技术。②物联网通信与网络传输技术。主要是通过信息通信和网络传输技术，实现局域或者广域范围内信息的可靠传递，让分处不同地域的智能物体能够协同工作，比如货物移动过程中需要借助互联网系统与农业经济组织局域网，组建物流信息网络系统。③智能处理技术。主要包括智能计算技术、云计算技术、数据挖掘技术、专家系统技术等智能技术。这些技术在农产品物流中的应用主要有以下三个方面：

（1）仓储管理。包括农产品入库、货位导航、库存管理、分拣、包装等功能。安装有电子标签的货物入库后，配合手持终端在库内可以方便地进行查找、盘点、上架、拣选处理，随时掌握库存情况。分拣方面，可按照发货要求指示作业人员到指定的货位拣取指定数量的相应产品。包装方面，可按照发货需要，将已拣取的货物装入适当的容器内或进行包装，并同时对所拣取的货物进行再次核对。在发货出库区安装固定的读取设备或通过手持设备自动对发货产品进行识别，读取标签内信息，与发货单匹配，进行发货检查确认。

（2）运输管理。利用电子标签、智能车载终端技术、定位技术、无线通信网络、智能控制技术等，实现农产品运输过程的车辆优化调度管理、运输车辆定位监控管理和沿途分发管理等。

（3）采购交易管理。基于各类现代信息技术形成农产品采购交易物联网系统，可以实现采购过程的数据采集与产品质量控制管理等。农产品采购交易物联网系统可包括管理中枢、交易平台、监控单元等，通过管理中枢实现远程监测、调节农产品生产环境、物流状况等。还能与农产品销售的终端客户建立面对面交流平台，建立实时监测系统，使客户通过视频终端，查看生产基地的实时情况，追溯产品生产过程，保障产品安全。

7. 为什么说手机是农民的新农具？

随着科技发展，手机的功能更加丰富，“数字乡村”“智慧农业”正在改变着农业农村的生产生活方式。

（1）利用手机获取农业相关知识资讯。通过移动互联网可以及时有效获取各种农产品生产的相关资讯，比如天气状况、新品种的研发情况、农产品供需形势等，为各阶段的生产决策提供参考依据。

（2）信息化驱动农业现代化。随着电脑和智能手机的广泛应用，农村网络普及率迅速提升。手机是学习种养技术和经营管理知识、租赁大型农机装备、实现数字遥控作业等的理想工具。用数字技术可改进农产品生产及管理模式，采集农产品全产业链大数据，采集农产品生产、加工、仓储和销售等数据。可结合农业气象数据等信息进行分析预测，完成农产品质量安全监督与溯源服务，及时完成市场需求预测，规避市场风险、提高经济效益。以互联网、物联网为主要动力的农业科技将彻底改变田间地头的劳作方式，使越来越多的农户尝到数字经济的红利。

（3）网络直播助力农产品营销。直播带货缩短了时空距离，利用网络直播的方式，使农产品得以进入更多消费者的视野，把偏僻地区的农产品与城市的大市场相连接。运用电子商务形式，帮助农产品打开销路。网络平台使得农产品生产者能够更加低成本地参与到农产品销售过程中，农业县县长、网络名人、村民都可以利用网络直播形式进行农产品销售，解决营销渠道问题，将单向购买变为双向互动。

8. 二维码在农业生产经营管理系统中如何应用?

二维码在农业生产经营管理系统中主要用于农产品追溯，通过二维码可以记录、了解农产品从生长（包括选种、施肥、用药等）到检测、销售等各个环节的信息，有利于规范农业生产经营管理过程，提升农产品品牌形象。

（1）生产信息管理。主要功能是为农产品建立一份电子档案，记录产地及相关生产信息，如种植业的播种、育苗、施肥、灌溉、用药、采收等信息，养殖业的繁育、养殖、屠宰、分割、包装、存储（冷链）、运输、产品销售等信息。抽样检查合格的农产品会生成一个二维码标签，记录产品生产全过程，没有经过检测或检测不合格的农产品则不能生成二维码。

（2）质量监督管理。质量技术监督管理部门可以通过二维码对农产品质量进行不定期抽查，检查农产品生产过程是否符合要求，并把检查结果上传至溯源管理系统，完善农产品相关信息。

（3）销售查询追溯。采用二维码识别系统，用户对农产品上的二维码进行扫码识别，就可以得到农产品的产品编码、生产者、生产日期、溯源管理系统网址等一系列相关信息。给农产品贴二维码标签是一种低成本、高效益的营销推广方式。

9. 什么是新型农业经营主体信息直报系统？

新型农业经营主体信息直报系统是一个由农业农村部建设的用于专门扶持培育新型经营主体的官方管理服务平台，通过主体直连、信息直报、服务直通、共享共用，为新型农业经营主体全方位、点对点提供信贷、保险、培训、生产作业、产品营销等多项服务。系统依托互联网和大数据等技术手段，可准确及时掌握新型农业经营主体的生产经营信息，实现对全国家庭农场、农民合作社等新型农业经营主体的准确定位、动态跟踪、定制服务等。

平台内容包括：①信息直报。新型农业经营主体及时填报主体信息、种养品种、经营规模、投入产出等生产经营情况，数据直达农业农村部。②记账本。记录新型农业经营主体的农业生产经营收支动态，帮助新型农业经营主体规范财务核算，定期形成财务分析报告，改善生产经营活动。③我的补贴。提供最新的属地化农业补贴政策，帮助新型农业经营主体及时了解补贴申请、获取及使用情况，监督政策落实。④我要培训。根据新型农业经营主体提出的培训需求，线上推送免费视频课程，线下提供培训班，新型农业经营主体可报名参训。⑤我要贷款。提供属地化信贷产品，新型农业经营主体线上申请，金融机构线下对接，实现申请、审核、尽调、放款、还款全流程办理。⑥我要保险。提供符合新型农业经营主体需求的多样化农业保险产品，新型农业经营主体线上预约、线上报案，保险公司线下一对一精准服务。⑦我要服务。为新型农业经营主体与农业社会化服务组织搭建供需对接通道，精准提供播种、植保、机收等全方位生产作业服务。⑧我要买卖。提供线上开店、品牌推广、农资购买等综合服务，推动农资下行、农产品上行，提升新型农业经营主体市场竞争力。

下载、注册、登录方式演示图链接：http://www.ngx.net.cn/zxjyn/zxjy/kpzt/qgnmsjpx/pxkc/ppt/201807/t20180719_202907.html。

10. 绿色食品、有机农产品和农产品地理标志如何认证或登记？

（1）绿色食品认证程序：申请人申请→省级绿色食品工作机构受理→检查组现场检查→检测机构环境监测、产品检测→省级绿色食品工作机构初审→中国绿色食品发展中心审核→绿色食品专家评审委员会评审→颁发证书。

（2）有机农产品认证程序：申请人申请→认证机构受理评审→检查组现场检查→认证机构综合评审→颁证委员会作出认证决定→颁发证书。

（3）农产品地理标志登记程序：申请人申请→省级农产品地理标志工作机构受理、公示→核查组现场核查→省级农产品地理标志工作机构初审→中国绿色食品发展中心审核→农产品地理标志专家评审→登记公示→农业农村部公告并颁发证书。

11. 农业生产经营中存在哪些风险？如何进行风险防范？

农业生产经营过程中存在如下风险：一是自然和技术风险。主要包括自然灾害、病虫害、农资供应和质量问题以及由于技术不成熟而带来的风险。二是市场风险。一方面是农业生产资料购买的风险，另一方面是农产品销售的风险。农产品大多为鲜活产品，保质期十分短，必须在收获时节及时出售，否则就会腐烂变质、丧失价值。因此，生产出的农产品不能及时卖到市场将会给农业生产经营带来极大的风险。三是资金风险。农业生产投资多、见效慢、周期长、贷款难，农业生产经营者主要依靠自有资金和一小部分财政补贴进行生产，资金筹措方式少、难度大。一旦产品不能及时销售导致资金不能回笼，就会遇到较大的资金风险。四是政策风险。农业是弱势产业，受国家政策影响比较大，国家政策的变动会带来系统性的调整，单个农业经济组织一般无法应对。相关政策主要有土地政策、环保政策、扶持政策等。

面对农业生产经营过程中的风险，可借助法律政策和农业保险进行防范。法律政策方面，要认真学习涉农政策，充分利用相关的政策法规，积极申报惠农、助农项目。农业保险方面，第一，要有保险意识。农业保险是一种消减农业生产中的意外因素影响、稳定收入的经济手段，有助于减少农业风险所带来的损失。第二，要选择合适的险种。农业保险是专门为农业生产者在从事种植业和养殖业生产过程中，对遭受自然灾害和意外事故所造成的经济损失提供保障的一种保险。由于险种比较多，农业生产经营者要根据实际情况选择购买。第三，要及时购买保险。农业生产的季节性、地域性很强，农业风险无处不在，要及时购买相应的保险，以免错失时机。第四，出现事故要保留证据并积极办理理赔，把损失降到最低。

12. 用工风险有哪些？怎样防范？

农业生产的正常运营不仅需要雄厚的资金、适度的土地规模和优秀的经营人才，还需要大量的劳动力。防范用工风险应做到：

（1）依法雇佣劳动力。农业经济组织应当按照《中华人民共和国劳动法》的规定，与被雇佣劳动力签订劳动合同，明确双方的权利义务，做好完备的用工手续。短期和临时雇工可以口头约定，长期雇工应该签订完备的书面劳动合同。合同应当包含雇佣期限、工作内容、工作时间、劳动报酬、劳动保险和违约责任等主要内容。

（2）进行完整的劳动力成本核算。农业经济组织作为独立的经营主体，对雇佣人员所产生的劳动力成本也应该规范核算。劳动力成本不仅包含工资，还包括为雇佣人员发放的福利、进行培训的费用等。

（3）生产要求培训及安全教育。农业经济组织应当对雇佣的员工在实际作业前进行生产要求培训，充分告知工作流程和注意事项。特别是对从事存在安全隐患的作业和危险作业的员工要进行安全教育，减少事故的发生。

（4）多种用工方式结合。农业经济组织根据自身情况，可以将短期用工与长期用工相结合，既可以解决农忙季节用工紧张的问题，又可以减少农闲季节用工的浪费。

13. 如何及时处理公共危机及突发事件?

（1）快速反应，查明原因。在互联网时代，危机一旦出现，就非常容易造成事件的扩大化。为了避免事件发酵以及不同版本的信息混淆公众视听，应在危机发生的第一时间介入，并且争取在最短的时间内查明危机产生的原因以及影响程度，及时通过正规媒体将事件的本来面目进行还原，并努力将损失降到最低。

（2）真诚坦率面对媒体和公众。危机发生后，要以真诚的态度面对大众，及时与公众和媒体沟通。任何遮掩、傲慢无礼和推脱责任的做法都只能招致公众更大的反感，造成更大的损害。

（3）主动承担责任。面对危机事件要主动承担责任，积极进行处理。这样做会付出一定的代价，但从长远的角度看，主动承担责任不仅有利于解决危机，还有助于树立良好的口碑和形象，为农业经济组织日后的发展奠定基础。

14. 农村集体经济组织经营中有哪些常见问题?

（1）运行机制不完善。没有改制的农村集体经济组织由村干部直接负责经营活动，存在着管理不规范、经营不专业等现象。农村产权制度改革的村庄成立了股份经济合作社，按照现代农业经济组织的法人治理结构，设置了股东大会或股东代表大会、董事会、监事会。但有的地方也只是把原有的村级管理和组织结构移植到股份经济合作社这一新的组织中，由党支部书记兼任董事长，村主要领导兼任董事会和监事会的负责人。这种形式上的改革，并未使农村集体经济组织的管理和运行方式发生变化，不利于农村集体经济的发展。

（2）税费负担重。农村产权制度改革之前，农村集体经济组织不用承担税费。农村集体经济组织改制为股份经济合作社，就要承担较高的税费，从而影响了村干部和农民推行农村产权制度改革的积极性。

（3）建设用地改革滞后。农村集体建设用地是发展、壮大农村集体经济的基础和依托。国家政策层面已经明确了“在符合规划和用途管制前提下，允许农村集体经营性建设用地出让、租赁、入股，实行与国有土地同等入市、同权同价”。但是，在政策实施和推进层面，农村集体经营性建设用地入市仍处于试点阶段。

（4）信息公开程度不足。一方面由于信息的传递渠道受限，信息无法被广泛获取；另一方面由于部分农村集体经济组织的信息公开意识不强，信息公开的主动性降低，农民很难掌握农村集体经济组织的全部信息。

（5）缺乏保障机制。内部管理机制的不健全，集体经济的股份分配不规范，容易造成“一言堂”“家长制”等现象。

15. 如何提高农产品的附加值?

（1）优化完善农产品品质。许多农产品受气候或地理环境影响，具有突出的品质。如新疆的葡萄、东北的大米、云南的三七、烟台的苹果等，都具有突出的品质。这些具有独特品质的农产品要进入高端市场还需要从育种技术、种植工艺、加工标准等方面着手，进一步提升品质，这是提升农产品附加值的基础所在。

（2）挖掘产品特色，寻找差异化品质。从农产品自身的生产过程、加工过程、自然环境、文化背景等方面入手，寻找农产品不同于其他同类竞争产品的特点，打造农产品自身的独特价值，争取在逐渐细分的市场中抢占一席之地。

（3）充分利用地域文化特色。文化特色也可以成为农产品的附加值，我国很多地区都有着独特的风俗习惯、文化特色、传统节日等，把这种地域性文化与农产品的某项特质相结合，更容易吸引消费者的目光，打造地域性品牌。这种文化特色与农产品的捆绑式销售，可以使得农产品在同类竞争产品中更为突出。

（4）多样化生产，满足个性诉求。在生活水平迅速提升的今天，人们对农产品的需求不再是单纯“吃饱”，而是更加注重对品质、享受等的诉求。农产品的多样化生产，能够为广大消费者提供更为多样化的选择，同时能够更好地满足不同消费者的个性化需求。

（5）完善产品售后服务。农业生产经营者要增强服务意识，改变“把产品卖到消费者手中即完成了整个销售过程”的思想。实际上，产品到达消费者手中时，真正的营销才刚刚开始。通过建立完善的售后服务机制，不仅可以提高用户的满意度，提升农产品品牌的公信力；还可以为农产品品牌做宣传，增加消费者黏性。

（6）改善农产品的包装。产品的包装要和产品的品质相匹配，这样才能相得益彰，塑造品牌价值。产品的包装给消费者带来第一印象，农业生产经营者可以用包装向消费者介绍产品的特性，增加消费者对产品的了解，影响消费者对产品的喜爱程度。

16. 如何做好农产品初级加工与包装？

（1）提高农产品品质。农产品的品质不仅取决于加工环节，也取决于原料的种植、养殖环节。一家一户的小农生产方式，决定了原料良莠不齐，很难具备统一的标准，无法保证产品品质。所以，加工型农业经济组织与农民合作建立生产基地，实现农产品生产的规模化、标准化，是提高农产品品质的根本保证，同时能够促进一二三产业的融合发展。

（2）丰富农产品种类。根据农产品自身的品质、新鲜程度、个头等因素将农产品进行分类，完成同种农产品不同类别的初级加工与包装，可以满足不同消费者的不同需求。

（3）提升农产品品相。随着经济的发展，人们更加追求有品质、有品位的生活，对农产品的品相要求也随之提高。根据农产品的不同特性进行包装，利用包装充分展示农产品所具有的品质，有助于帮助消费者更好地了解该产品，帮助消费者做出购买决策。针对农产品所对应的不同群体制订不同的包装策略，有助于充分实现市场细分。

（4）强化品牌意识。品牌意识是品牌在消费者记忆中留下的印象，表现为消费者在不同情境下识别出品牌的能力。品牌意识越强，消费者在选购产品时越会想到该品牌，最终购买该品牌的可能性就越大。同时，品牌意识也会影响品牌联想与品牌形象的形成。在农产品市场中，普遍存在初级加工和包装过程对品牌建设重视程度不足的现象，农业经济组织应该努力提高品牌意识，积极学习品牌建设。

17. 从事农产品深加工经营活动需要办理哪些手续?

（1）申领营业执照。成立一家从事农产品深加工经营活动的农业经济组织，需登录当地市场监管局网站，找到“开办农业经济组织”链接，通过“一网通办”平台一次性办理好营业执照、公章刻制、申领发票、税控设备和员工登记等各项手续，一般四个工作日以内即可办结。如果想设立个体工商户或农民专业合作社，可以前往所在地的市场监管部门咨询办理。

（2）办理建厂需要的各项手续。建设并运营一个农产品深加工工厂或作坊，可能需要办理自然资源、生态环境、住房城乡建设、应急（消防救援）等部门要求的相关手续。目前很多地方开通了工程建设项目审批一站式服务平台，可以咨询当地相关部门。

（3）办理生产相关手续。深加工产品的类型不同，所涉及办事流程也不同。如生产食用农产品、预包装食品等，需要到市场监管部门取得食品生产许可证；如生产丝织品、生活用品，一般不需要办理工业品生产许可证。生产食品及相关产品的，需取得卫生健康部门颁发的健康证。

18. 如何做好农业项目的市场分析?

农业项目的市场分析，主要从以下三个方面着手：

（1）做好市场分析。首先是市场背景分析，包括宏观环境、竞争态势和市场趋势。宏观环境主要包括经济发展水平、国家相关政策等因素。竞争态势分析可以利用波特五力模型从同行竞争强度、潜在竞争者、替代品威胁、供应商议价能力和买家议价能力等多个方面进行。对市场趋势的预测应当结合当前的科技水平、科技发展速度以及相关环境政策等进行。其次是农业行业市场现状分析。观察农业行业领头农业经济组织的相关动向，调查农业行业的市场规模以及增长率，分析农业行业近几年的毛利率变化以及资本进入该行业的规模和速度。积极获取市场规模相关数据，分析信息，从而判断进入该市场的价值。对市场增长率的分析可以帮助农业经济组织判断市场所处的阶段，进而更好地采取策略。

（2）市场细分。农业行业有很多细分领域，准确掌握农业行业具体有哪些细分领域，明确每个细分领域的用户特点、盈利来源等相关信息，根据自身的优势与特点选择合适的细分领域进入非常重要。

（3）用户特征分析。第一是深挖用户痛点。通过大量的用户调研以及对后台数据的分析了解用户的需求，找到用户的痛点，有针对性地提出解决该痛点的方法。第二是制作用户画像。在大数据的背景下，将用户信息抽象成标签，利用这些标签将用户形象具体化，从而为用户提供精准的个性化服务。第三是调查用户属性。弄清楚农业经济组织的主要客户群体，包括用户的年龄分布、学历分布、经济水平分布等因素。明确产品的主要客户群体，有助于农业经济组织精确定位。

（4）预测市场问题。任何市场都存在或多或少的问题，农业经济组织应该提前考量市场风险，针对一些可以规避的风险提前制订对策，以免在市场中处于被动地位。

19. 如何做好农业生产规划?

做农业生产规划，要关注以下四个方面的内容：

（1）精简生产项目。生产规划中，项目过多会造成生产规划不清晰、不精准，使预测和管理都更加困难。因此，根据不同的生产环境，选取不同的产品层级，进行产品生产规划，可以使生产流程更加科学规范。

（2）确定关键项目。列出相对而言更加关键、影响更大的项目，优先完成。比如确定投资较大、科技水平较高的项目。

（3）规划应适当稳定。生产规划具有一定的时效性与阶段性，但应在一定时间范围内保证规划的相对稳定。随意变更生产规划会导致农业经济组织对生产规划的重视程度降低，削弱组织的计划能力。

（4）规划应有适当裕量。实际生产过程中，存在临时加单、设备出现故障等突发情况，在进行生产规划时应当充分考虑，在工序时间安排上留有适当余地，或者把预防性维修等作为一个项目安插在生产规划之中。

20. 如何确定目标市场?

（1）进行市场调查，完成市场细分。要确定目标市场，首先要对消费者进行市场调查，以便通过分析影响消费者心理的各种社会、自然等因素，掌握消费者需求特点，把握消费者心理，预测消费需求发展变化的趋势。例如，调查收入水平、消费水平对消费结构的影响；社会风气、风俗习惯对消费流行的影响；文化程度、职业特点对购买选择的影响；性别年龄、气候地域条件对购买心理的影响等。

（2）对各细分市场进行评估。从市场的现实需求量、潜在市场容量、是否具有足够的利润空间、市场竞争的激烈程度、农业经济组织是否在该市场竞争中具有优势等方面对各细分市场进行评估，分析各细分市场的规模、特点以及发展潜力等相关信息。结合自身的目标与资源，判断适合的市场细分领域。

（3）选择目标市场。在完成对各细分市场评估的基础上，将经营管理、技术开发、采购、生产、市场营销、财务、产品等方面与竞争对手进行比较，找到自身优势，结合农业经济组织自身条件对细分市场进行选择。可以采用无差异营销策略、差异营销策略和集中营销策略选择目标市场。

21. 农产品商标与品牌有哪些区别和联系？

农产品商标是农产品生产经营者将自己的商

品或服务与其他个人或农业经济组织的商品、服务进行区别的标志，通常由文字、图形及其组合构成。

农产品品牌是消费者对产品或产品系列的认知程度，是人们对农业经济组织及其产品、售后服务、文化价值的一种评价和认知，是一种信任。

二者的区别：

（1）商标属于法律概念，品牌属于市场概念。商标是法律概念，强调对生产经营者合法权益的保护，一经注册，权利人就享有商标专用权。商标的法律作用主要表现在通过商标专用权的确立、续展、转让、争议仲裁等法律程序，保护商标所有者的合法权益。品牌是市场概念，强调农业经济组织与顾客之间关系的建立、维系与发展。品牌的市场作用主要表现为便于消费者区分产品，增强消费者黏性，建立消费者品牌忠诚度。

（2）商标与品牌的主体不同。商标是经过商标局核准注册的标志，注册商标的所有权归农业经济组织。品牌是消费者对农业经济组织的认知程度，是农业经济组织在消费者心中地位的标志，品牌更强调消费者的认知。品牌的价值及市场感召力来源于消费者对品牌的信任、偏好和忠诚，如果一个品牌失去消费者的信任，将损害品牌价值。

（3）商标有国界限制，品牌无国界限制。每个国家都有自己的商标法律，注册的商标仅在本国内具有法律效力，超出国界就不再受到法律的保护。品牌是根植于消费者心中的农业经济组织形象，不受国界的限制。

二者的联系：

（1）商标是品牌不可分割的一部分。商标是品牌的标志和名称，是品牌的组成部分。品牌具有更加丰富的外延，不仅包括商标的有形部分，更蕴含着精神文化层面的内容，具有展示农业经济组织文化和价值的功能。品牌与商标都可用于区别商品来源，便于消费者认牌认购，有利于市场竞争；都是传播农业经济组织形象和知名度的基本要素。

（2）商标和品牌都是农业经济组织的无形资产。商标和品牌都是没有实物形态的非货币性资产，均属于无形资产。优质的注册商标和品牌文化可以为农业经济组织带来一定的经济效益，同时，商标的转让、授权也可以为农业经济组织带来更多的效益。

（3）品牌建设与商标建设相辅相成。当商标发展成品牌后，该商标的价值也会随之提升。农业经济组织在提升品牌形象的同时，也在保护和推广农业经济组织的商标。

22. 农产品销售渠道有哪些？

（1）直接销售。采用直接销售渠道，农产品由生产者直接到达消费者手中，省去了中间环节，使得农产品销售更为及时、价格相对优惠，节省了销售费用，提高了效率。

（2）间接销售。间接销售是农产品生产者将农产品通过代理商、批发商、零售商进行销售。间接销售渠道将农产品集中起来进行销售，可以相对提高农产品的销售效率，但是由于中间商的层层获利，使得农民以及消费者的利益无法得到充分保证。因为无法准确反应消费者对农产品的需求，所以容易造成农民生产的盲目性，增加生产风险。

（3）加工后销售。加工后销售就是农民将农产品加工之后，再投入市场进行销售。这样可以提高农产品的附加值，带来增值利润，进而提高农民收入，同时为社会提供更多的就业机会，带动地区经济发展。

（4）互联网电商平台销售。利用互联网进行农产品销售可以有效建立现代化和信息化渠道。随着自媒体的迅速发展，传统电商平台也开始转型，商家可以利用直播的形式更加全面地展示自己的商品，吸引消费者的注意。

23. 如何做好农产品市场推广工作？

（1）发展可视化农业。可视化农业是在互联网、物联网、云计算、人工智能、大数据技术的支持下，以视频的方式，对农产品种植和养殖过程实现实时展播。可增进终端用户信任，实现品牌溢价增值。可视化农业能有效解决传统农业市场通路、资金短缺和食品安全三大问题，把优质生态的农产品输出到零售终端。

（2）单位合作推广。餐饮行业对农产品的需求较大，为农产品带来的附加值也相当可观，农产品生产者与餐厅、学校食堂、单位食堂等相关单位形成良好的合作关系有利于农产品的批量销售，增加农业经济组织的收益。

（3）社区活动推广。社区活动贴近家庭日常生活，容易满足消费者的实际需求，是农产品宣传的有效阵地。可以定期举办农产品展示、农产品营养科普讲座等相关活动，加深人们对农产品的认识，实现农产品的有效推广。

（4）借助媒体网络进行推广。随着互联网的发展以及电商平台的兴起，通过互联网进行线上销售已经成为一种重要的营销方式。借助淘宝等电商平台开设网络店铺，实现农产品从原产地直接到消费者手中，不仅可以节省中间商成本，还可以直接了解消费者需求；借助微信平台，以微商的模式进行农产品推广，可以有效地利用朋友圈经济；借助网络直播的方式，可以使农产品进入更多消费者的视野，更加有效地对接消费者需求。

24. 如何制定农产品价格？

（1）明确定价目标。当农业经济组织的目的是维持生存，实现市场份额领先，保证农产品具有广阔的销路时，可以制定较低的价格以实现快速收回资金；当农业经济组织的目的是突出产品质量领先，实现当期利润最大化时，就要提高农产品质量，获得一些权威认证或者地理标志，可以制定较高的价格，以提升价格空间、彰显较高品位；当农业经济组织的目的是实现农业经济组织形象最佳化时，制定的价格与目标消费者群体的期待应相对一致，遵守社会秩序和道德规范，实现农业经济组织形象的最佳化。

（2）估算成本费用。主要包括固定成本（厂房设备的折旧、租金、利息等）、可变成本（原材料、生产工人的工资等）。以成本作为基本依据，用成本加上一定百分比的加成来制定产品的价格。此方法简单易行，便于计算，但也容易忽略市场变化，缺乏灵活性。

（3）分析竞争现状。在最高价格与最低价格之间，对自身产品的定价取决于竞争对手同种产品的价格，以市场上相互竞争的同类产品的价格作为定价的基本依据。

25. 如何进行农产品成本核算?

成本核算是对农业生产当中所发生的物质费用和人工费用进行记录、计算、分析和考核的一系列过程。成本核算需按照以下五个步骤进行：

（1）确定成本核算对象。确定对哪些产品进行成本核算，即确定成本核算的具体产品项目。

（2）确定成本计算期。在核算时必须明确成本是针对哪一时期的产品来计算的。可以按照日历年度确定，将公历的1月1日到12月31日整个期间作为一个成本核算期；也可以根据产品从开始投料、生产到收获的生产周期进行核算。

（3）确定成本开支范围。农业经济组织要确定哪些费用应该计入产品成本，哪些费用不应该计入产品成本，不能把用于生活的开支列在成本当中。

（4）确定成本的计算项目。成本项目分为物质费用和人工费用两大部分，物质费用又分为直接物质费用和间接物质费用。

（5）建立成本核算原始记录。为了反映整个生产过程的用工和用料情况，农业经济组织要设立原始记录登记簿、固定资产登记簿、经营支出登记簿、用工登记簿、经营收入登记簿等分门别类的登记簿。以记录生产经营数据，便于期初进行成本预算以及期末进行成本核算。

模块四　乡村发展与治理

1. 中央文件、法律法规中，有关加强和改进乡村治理的内容有哪些?

党中央、国务院高度重视乡村治理工作，习近平总书记多次强调要创新乡村治理体系，走乡村善治之路。党的十九大报告明确提出要加强农村基层基础工作，健全自治、法治、德治相结合的乡村治理体系。党的十九届四中全会提出要完善党委领导、政府负责、民主协商、社会协同、公众参与、法治保障、科技支撑的社会治理体系。中央先后修订了《中国共产党农村基层组织工作条例》，印发了《中国共产党农村工作条例》，还出台了一系列政策文件，例如《关于加强基层治理体系和治理能力现代化建设的意见》《关于加强和完善城乡社区治理的意见》《关于加强城乡社区协商的意见》《关于建立健全村务监督委员会的指导意见》以及《关于加强乡镇政府服务能力建设的意见》等。中央 1 号文件也连续多年作出部署安排。2019 年，中共中央办公厅、国务院办公厅印发了《关于加强和改进乡村治理的指导意见》，对乡村治理的指导思想、总体目标和主要任务作出具体部署和安排。

加强和改进乡村治理，要注重以下几方面：第一，要全面加强农村基层党组织建设，完善村党组织领导乡村治理的体制机制。以提升组织力为重点，突出政治功能，把农村基层党组织建设成宣传党的主张、贯彻党的决定、领导基层治理、团结动员群众、推动改革发展的坚强战斗堡垒，发挥党员先锋模范作用。第二，要增强村民自治组织能力，完善基层民主制度，深化村民自治实践，健全村党组织领导的充满活力的村民自治机制，丰富基层民主协商形式，保证农民依法实行民主选举、民主协商、民主决策、民主管理、民主监督。第三，要加强农村法治建设，规范农村基层行政执法程序，大力开展“民主法治示范村”创建，深入开展“法律进乡村”活动，深入开展农村法治宣传教育。第四，深入推进农村移风易俗，积极培育和践行社会主义核心价值观，实施乡风文明培育行动，加强村规民约建设，发挥道德模范引领作用。

2. 乡镇人民政府与村民委员会之间的关系应如何处理？

《中华人民共和国村民委员会组织法》第五条规定：“乡、民族乡、镇的人民政府对村民委员会的工作给予指导、支持和帮助，但是不得干预依法属于村民自治范围的事项。”其中的指导，就是通过培训、宣传、说服、动员等方式引导村民委员会在法律范围内积极开展自治活动。

村民委员会处在农村工作的第一线，担负着贯彻落实党的路线、方针、政策，密切党和政府同人民群众的联系，带领群众增收致富的重任。针对当前不少地方农村经济基础薄弱、工作难度大的问题，乡镇党委应有针对性地提出具有指导性的建议。乡镇党委要在加强对村民自治事务指导的同时，注意保持村民自治事务的完整空间，注意维护村“两委”在村民自治事务中的主导权，逐步提升村庄自治能力。

村“两委”干部要努力担负推动全村共同富裕的责任。要注意加强学习，积极协助乡镇政府开展工作。能力有欠缺的村干部，除了通过工作锻炼和理论自学提高能力外，乡镇政府应通过积极组织培训、观摩等提升村干部能力。对于不称职的村干部，乡镇政府应通过组织谈话等进行督促提醒，对明显不称职且不适宜继续工作的，也可以提出罢免建议。村“两委”干部要加强团结。乡镇政府要从有利于工作的角度出发，对村“两委”干部的年龄和能力结构提出建议。

3. 乡镇人民政府是否有权力要求撤并村民委员会?

《中华人民共和国村民委员会组织法》第三

条规定："村民委员会设立、撤销、范围调整，由乡、民族乡、镇的人民政府提出，经村民会议讨论同意，报县级人民政府批准。"因此，村民委员会的设立、撤销、范围调整，应当由村民会议集体讨论同意，不能只由乡镇人民政府决定。

《乡村振兴战略规划（2018—2022 年）》明确要求："综合考虑村庄演变规律、集聚特点和现状分布，结合农民生产生活半径，合理确定县域村庄布局和规模，避免随意撤并村庄搞大社区、违背农民意愿大拆大建。""农村居民点迁建和村庄撤并，必须尊重农民意愿并经村民会议同意，不得强制农民搬迁和集中上楼。"如果在没有履行必要程序的情况下，乡镇人民政府强制推进村庄撤并，村民可以提出行政复议，要求撤销没有经过村民会议讨论同意的并村方案。

村民委员会设立的依据是村民的居住状况及人口多少，设立的原则是便于群众自治、有利于经济发展和社会管理。撤并村民委员会实际上涉及村民委员会的撤销、不同村民委员会的合并和合并后新的村民委员会的设立等三个相互联结的事务，整体上应该遵循便于群众自治、有利于经济发展和社会管理的原则。乡镇人民政府撤并村民委员会必须在上述原则的指导下进行。

村庄撤并是关系村民基本生活的大事，涉及村民利益的深刻调整，要顺应农村产业发展、劳动力转移及自然资源禀赋等，应有利于整合村里的人力、资产、资金、资源，壮大农村集体经济，发展农村公益事业，同时也要有利于各项方针政策的贯彻落实、农村社会综合治理的有效实施及村民委员会各项工作的顺利开展。在村庄撤并过程中，要提高村民的民主参与度。

4. 上级党委政府能否对村民委员会候选人资格条件提出倡导性要求?

根据《中华人民共和国村民委员会组织法》，村民委员会主任、副主任和委员，由村民直接选举产生。年满 18 周岁的村民，不分民族、种族、性别、职业、家庭出身、宗教信仰、教育程度、财产状况、居住期限，都有选举权和被选举权；但是，依照法律被剥夺政治权利的人除外。任何组织或者个人不得指定、委派或者撤换村民委员会成员。

《中华人民共和国村民委员会组织法》第十五条对村民委员会成员候选人的资格提出了“德才兼备”的要求，即村民在提名候选人时，应推荐“奉公守法、品行良好、公道正派、热心公益、具有一定文化水平和工作能力”的村民为候选人。据此，一些地方性法规也对村民委员会成员候选人资格条件提出了倡导性要求，但具体规定各不相同。如《浙江省村民委员会选举办法》

规定，村民委员会换届选举时，省村民委员会选举工作指导机构可以提出候选人、自荐竞职的选民的具体条件。

5. 村党组织的委员应当如何设置？

《中国共产党农村基层组织工作条例》第五条规定："以村为基本单元设置党组织。有正式党员 3 人以上的村，应当成立党支部；不足 3 人的，可以与邻近村联合成立党支部。党员人数超过 50 人的村，或者党员人数虽不足 50 人、确因工作需要的村，可以成立党的总支部。党员人数 100 人以上的村，根据工作需要，经县级地方党委批准，可以成立党的基层委员会，下设若干党支部；村党的委员会受乡镇党委领导。"

村党组织可以根据党员数量，设定党组织的书记、副书记和委员数量。《中国共产党农村基层组织工作条例》第八条规定："村党的支部委员会一般设委员 3～5 名，其中书记 1 名，必要时可以设副书记 1 名；正式党员不足 7 人的支部，不设支部委员会。村党的总支部委员会一般设委员 5 至 7 名，其中书记 1 名、副书记 1 名、纪检委员 1 名。村党的委员会一般设委员 5 至 7 名，最多不超过 9 名，其中书记 1 名、副书记 1 至 2 名、纪委书记 1 名。"

在村党支部（党总支、党委）中，除了设纪

检委员，还应设组织委员、宣传委员等。具体根据委员人数设置，委员间可以兼任。纪检委员一般可以兼任宣传委员，不宜兼任组织委员。

组织委员负责以下工作：提出对加强村党组织自身建设的建议，发展党员和党员管理工作；对村、组干部和经济组织、社会组织负责人教育、管理和监督，培养村级后备力量；做好本村招才引智等工作。

宣传委员负责以下工作：宣传教育群众、凝聚群众，经常了解群众的批评和意见，维护群众正当权利和利益，加强对群众的教育引导，做好群众思想政治工作。

纪检委员应对支部成员和全体党员进行纪律教育，并对违背党的纪律的情况进行检查。

6. 农村经济组织、社会组织应当如何设立党组织？

《中国共产党农村基层组织工作条例》第七条规定："农村经济组织、社会组织具备单独成立党组织条件的，根据工作需要，可以成立党组织，一般由所在村党组织或者乡镇党委领导。在跨村跨乡镇的经济组织、社会组织中成立的党组织，由批准其成立的上级党组织或者县级党委组织部门确定隶属关系。"第十九条规定："村党组织书记应当通过法定程序担任村民委员会主任和村级集体经济组织、合作经济组织负责人。”

农村经济组织和社会组织是农村经济社会发展的重要力量。在党员达到一定数量时，应成立党组织。农村经济组织、社会组织中的党组织和在村成立的基层党组织一样，都要发挥战斗堡垒作用，在保证政治方向、教育管理党员、引领服务群众、推动事业发展和加强自身建设上发挥作用。

7. 村民委员会或村民委员会成员的决定侵害了村民的合法权益该怎么办?

《中华人民共和国村民委员会组织法》第三十六条规定：“村民委员会或村民委员会成员作出的决定侵害村民合法权益的，受侵害的村民可以申请人民法院予以撤销，责任人依法承担法律责任。”如果村民委员会及其成员违背民主决策、村务公开的原则，擅自作出违背村民意愿的重大决定并已经付诸实施，村民有权拒绝，申请人民法院予以撤销。

《中华人民共和国村民委员会组织法》第三十三条还规定：“村民委员会成员以及由村民或者村集体承担误工补贴的聘用人员，应当接受村民会议或者村民代表会议对其履行职责情况的民主评议。……村民委员会成员连续两次被评议不称职的，其职务终止。”对不尽职尽责的村民委员会成员，由村务监督委员会组织召开村民会议或者村民代表会议开展民主评议，也是督促村民委员会成员及时整改，甚至终止其职务的有效形式。村级党组织作为村里各类组织的领导核心，发现村民委员会成员有不恰当的行为时，也应当及时指出，必要时通过村“两委”会议、村民代表会议或村民会议予以否决和纠正。

总之，村民委员会及其成员经由村民选举产生，权力来源于村民，维护村民合法权益是村民委员会及其成员应尽的职责和义务。村民自治不是村干部自治，村民委员会及其成员的一切履职行为都必须遵守国家法律法规和政策，都必须符合村民自治章程、村规民约的要求，都必须与村民会议、村民代表会议的决定、决议一致。如果出现了不恰当的行为，应当及时启动相应程序，保障村民合法权益不受侵犯。

为进一步规范村民委员会成员的履职行为，全国人大常委会曾于2000年出台司法解释，明确村民委员会成员在协助人民政府从事救灾、抢险、防汛、优抚、扶贫、移民、救济款物的管理等行政管理工作时，属于《中华人民共和国刑法》规定的“其他依照法律从事公务的人员”。2018年实施的《中华人民共和国监察法》，也把基层群众性自治组织中从事管理的人员纳入监察机关监察的范围。村民委员会及其成员构成违纪的还应当给予党纪政纪处分，涉嫌犯罪的移交司法机关依法处理。对于村民委员会及其成员的一般性决策失误，受侵害的村民也可以向乡镇人民政府或者县级人民政府相关部门提出申诉，由乡镇人民政府或县级人民政府相关部门调查属实后责令改正。

8. 村民会议向村民代表会议授权有哪些形式?

《中华人民共和国村民委员会组织法》明确规定，人数较多或者居住分散的村，可以设立村民代表会议，讨论决定村民会议授权的事项。如果村民会议没有通过适当的方式向村民代表会议授权，村民代表会议讨论作出的决议是不具备效力的。村民代表会议的权力来源于村民会议，村民会议授了什么权、多长时间的权，村民代表会议才能行使什么权、多长时间的权。村民会议向村民代表会议授权的方式主要有以下几种：

（1）借助选举大会召开会议授权。新一届村民委员会在选举大会后马上主持召开村民会议，向村民代表会议授权，并提请参会村民进行表决。经大多数村民同意后，逐项宣布向村民代表会议授权的事项，直到各项授权事项表决完成。在表决时，将村民同意授权的事项记录在案，表决通过的事项作为村民代表会议的职权。

（2）在村民自治章程中授权。在制定修改村民自治章程时，明确列出村民会议授权给村民代表会议的各项职权，再由村民会议通过章程修改事项，村民代表会议即具有了正当的权力来源和具体的职权职责。

(3) 召开专门会议授权。由新一届村民委员会采取召开户代表会议、村民小组会议或者发放征求意见卡等形式广泛征求村民意见，由村民确定村民会议必须保留权力和可授权村民代表会议权力，根据村民意见提出向村民代表会议授权的议案，明确授予村民代表会议的职权。据此形成授权草案后，召开村民会议，将授权议案提请村民表决通过后，向村民代表会议授权。

各村村情不同，在确定授权的范围上，村民会议要从本村实际出发，充分尊重广大村民的意见，特别要防止两种倾向：一是村民会议没有明确村民代表会议的职权，村民代表会议形同虚设；二是村民代表会议职权过大过宽，造成村民会议形同虚设，甚至用村民代表会议取代村民会议。《中华人民共和国村民委员会组织法》共有10处明确了村民会议讨论决定的事项，其中有7项事项必须由村民会议讨论决定。①村委会的设立、撤销、范围调整；②罢免村民委员会成员；③撤销或者变更村民代表会议不适当的决定；④制定或者修改村民自治章程、村规民约；⑤授权村民代表会议讨论决定的重大事项；⑥有1/10

以上的村民或者 1/3 以上的村民代表提议，必须召集村民会议讨论决定的事项；⑦村民会议认为必须由村民会议讨论决定的其他事项。

9. 村民代表应该如何推选?

村民代表是村民意愿和利益的代表者，是村民代表会议的主体。《中华人民共和国村民委员会组织法》第二十五条规定："村民代表由村民按每五户至十五户推选一人，或者由各村民小组推选若干人。"村民代表应该具备一定的条件，通常是本村年满 18 周岁的村民；遵纪守法，公道正派；有一定的参政、议政的能力；热心为村民服务，敢于坚持原则、主持正义；密切联系群众，在村民中有一定的威信。

《中华人民共和国村民委员会组织法》第二十五条规定："村民代表会议由村民委员会成员和村民代表组成，村民代表应当占村民代表会议组成人员的五分之四以上，妇女村民代表应当占村民代表会议组成人员的三分之一以上。"这说明，村民委员会成员和村民代表都是村民代表会议的组成人员。村民委员会成员不同于村民代表，但应当参加村民代表会议，是村民代表会议的自然组成人员，参加村民代表会议的一切活动，包括投票表决活动。

村民代表会议是具有重要职权的村民自治组

织形式，为了保证村民代表会议组成的民主性，法律特别对村民代表会议的成员比例进行了明确，将村民委员会成员占村民代表会议组成人员的比例限定在1/5以内，有效地避免了村民代表会议中村民代表人数过少、村民代表会议演变为村民委员会成员扩大会议的现象发生。

10. 村务公开有什么时间要求？

《中华人民共和国村民委员会组织法》明确规定：一般事项至少每季度公布一次；集体财务往来较多的，财务收支情况应当每月公布一次；涉及村民利益的重大事项应当随时公布。

一般而言，有规律性的村级事务，如村民委员会年度工作计划及执行情况、财务预决算、村干部任期目标及完成情况、村干部报酬补贴、宅基地的分配等内容，要定期公开。一般是一年、半年、一个季度、两个月或一个月公开一次，公开的具体时间可由县（市、区）统一规定，以便于监督和检查。有特殊情况需要推迟或提前公开的，应当向县（市、区）汇报审批后执行。一些临时发生的村级事务，如国家建设征用土地、村民质询的答复、救灾救济款物的分配、特殊情况的处理等，要及时向村民公开，随时发生随时公开。具体公开时间，由村民委员会依据本村村务公开的内容决定公开的时间。对一些时限较长事项，也应每完成一个阶段，立即公布一次进展情况。

对村民委员会不公开村务或者公开不真实的行为，村民可以向村民委员会提出纠正和改进的建议。如果仍然不能解决问题，可以向乡镇政府或者县级政府及有关主管部门反映，有关人民政府或者主管部门应当负责调查核实，责令依法公布。如果绝大多数村民已经对现任村民委员会班子不信任了，也可以依法对村民委员会成员实行罢免。如果罢免成功，可以另选村民信任的人组成村民委员会，通过新的村民委员会公开村务、财务和与村民切身利益有关的事项，真正实行村务公开、民主管理，保障村民的决策权、参与权、知情权和监督权。

11. 村民是否有权查询村务公开事项?

村民委员会实行村务公开制度。实行村务公开，要从农民群众普遍关心和涉及群众利益的实际问题入手。凡属群众关心的热点问题以及村里的重大问题，都应向村民公开。村民有权查询村务公开事项。

村务公开事项应当记录在村务档案中。《中华人民共和国村民委员会组织法》明确规定："村民委员会和村务监督机构应当建立村务档案。村务档案包括：选举文件和选票，会议记录，土地发包方案和承包合同，经济合同，集体财务账目，集体资产登记文件，公益设施基本资料，基本建设资料，宅基地使用方案，征地补偿费使用及分配方案等。村务档案应当真实、准确、完整、规范。”在实践中，各地还普遍建立了村务档案工作受乡镇政府、档案行政管理部门、民政部门、农业农村部门和相关部门指导监督的工作机制。

村民委员会不及时公布应当公布的事项或者公布的事项不真实的，村民有权向乡镇或县级人民政府及有关主管部门反映。接到反映意见的乡镇或县级人民政府及有关主管部门，如民政局等政府机关，应当负责调查核实有关情况，责令村民委员会公布。对于经查证核实确有弄虚作假等违法行为的，应当依法追究有关人员的责任。

12. 为什么乡村治理要实现自治、法治和德治相结合?

党的十九大报告强调，加强农村基层基础工作，健全自治、法治、德治相结合的乡村治理体系。农村社会实施单纯自治，可能会面临村民主体能力不足等问题，仅仅依靠民主选举和村民的参与很难治理好农村。因此，农村社会的治理需要融合村内村外两种资源，综合运用国家扶助和村庄自治两种手段。在治理机制上，要广泛采用多种治理机制，将自治、法治和德治这三种重要的治理机制结合使用。

村民自治要摆脱单纯依靠民主选举的状况，从村民最关心的问题入手，加强村民监督和决策参与，才可以显著提升自治效能，但村民自治的效能提升存在一定限度。因此，还必须加强法治的力量。法治可以定纷止争、培养村民的规则意识、帮助村民更好地适应社会变化。通过一村一法律顾问、司法下乡、多方共建矛盾纠纷化解中心等多种形式调度各类法治资源进村入户，营造尊法学法守法用法的良好氛围，使法律成为村民找得着、用得上的实用工具。而随着农村社会公共事务的增多，借助道德约束和道德倡导，可以收到较好的善治效果。通过历史名人和村内能人榜样的示范引领，带动农民群众提高道德素养；通过积分制办法，将农民日常行为量化成积分，以公开评议、道德红黑榜等形式，形成实实在在的道德约束和激励；等等。这些手段都可以传播正能量，孕育新德行，使得各种优秀道德真正在农村生根发芽、惠泽村民。

《中华人民共和国村民委员会组织法》第九条规定："村民委员会应当宣传宪法、法律、法规和国家的政策，教育和推动村民履行法律规定的义务，爱护公共财产，维护村民的合法权益，发展文化教育，普及科技知识，促进男女平等，

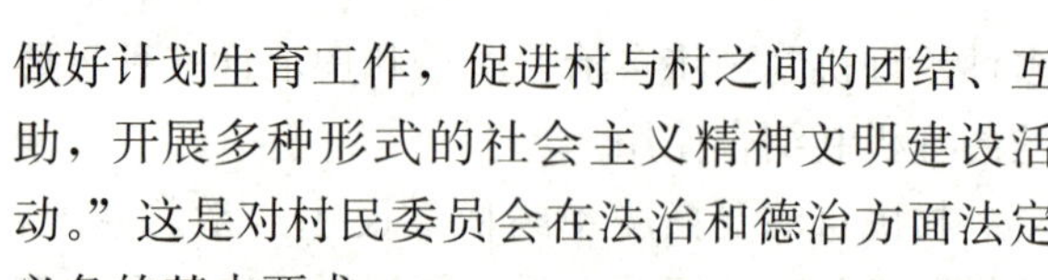

做好计划生育工作，促进村与村之间的团结、互助，开展多种形式的社会主义精神文明建设活动。”这是对村民委员会在法治和德治方面法定义务的基本要求。

13. 怎样加强对村民自治事务的议事协商？

议事协商的目的是充分保障村民的管理权、决策权、监督权等一系列民主权利，将民主贯穿于村民日常生活的每时每刻，解决好关系村民切身利益的各种问题，避免不必要的社会冲突，提高村民自治事务的决策科学性和执行有效性。

要丰富村民议事协商形式。一方面，鼓励乡村开展村民说事、民情恳谈、百姓议事、妇女议事等各类协商活动，充分听取村民切身困难，针对不同的主体、事务采取不同的议事形式，实现矛盾和矛盾主体的精准对接，改变村民“事不关己高高挂起”的消极态度；另一方面，可以根据各乡村客观条件搭建多种协商平台，如利用现代网络技术搭建即时协商平台等，实现“留守村民方便议、外出村民可以议”，把村民议事习惯从“议论纷纷”转变为“纷纷议事”。

要定期开展村民议事协商。如建立村民议事制度，定期组织村民参与乡村重大事项的决策讨论；建立议事监督制度，形成监督网络，定期收集村民反馈意见等。此外，要对议事协商的内容和边界有进一步的规范和明确。如对村民普遍关注的实际困难问题和矛盾纠纷，涉及民生改善的公共事务，牵扯到乡村集体资源、资金使用分配的问题必须议；对明显违反党纪国法，明显带有歧视性、不公正的事项绝不议。

乡村协商民主制度不是空中楼阁，要根据本村实际，不断发展议事协商的有效形式。在现有村民自治制度中，村民代表会议制度是议事协商的基本制度，要充分加以利用。同时，对于专题性事务、非常规的重大事务，要组织专门的议事协商活动，有必要的可成立专门的议事协商小组。

14. 村民自治与农村社区治理之间的关系是什么？

村民自治制度是我国社会主义民主在农村最广泛的实践形式之一。推进农村社区建设和治理，是实施乡村振兴战略、构建乡村治理新体系的重要抓手。两者在实际工作中，有一定交叉。

关于正确处理村和农村社区的关系问题，根据《中华人民共和国村民委员会组织法》规定，村民委员会根据村民居住状况和人口多少，按照便于群众自治等原则设立，村（行政村）就是指村民委员会辖区。2015 年中共中央办公厅、国务院办公厅印发的《关于深入推进农村社区建设试点工作的指导意见》明确提出："农村社区是农村社会服务管理的基本单元。"强调农村社区建设要"在行政村范围内"进行，同时意见也为开展不同形式的探索预留了政策空间。农村社区可以跨越多个村。与农村社区建设相比，村民自治的范围更加明确。

农村多年来的实践证明，农村社区治理工作服从服务于实施乡村振兴战略，推动构建乡村治理新体系，打破了原有行政村"自我管理"的单一格局，吸纳了包括非户籍人口、社区社会组织、驻区单位等在内的各方力量参与村级公共事务和公益事业，既不影响现有行政村的内涵和外延，也不涉及对行政村体制的颠覆性变革。农村社区治理可以把村民自治和政府公共服务、志愿互助服务和便民利民服务相衔接，形成农村社区服务体系。

在村民自治和农村社区建设中，在工作机构设置中，不要轻易用农村社区组织取代现有行政村体制的基本架构，不允许用所谓的"管委会"等机构代替村民委员会。

15. 在村庄规划工作中如何提升村民的参与度？

村庄规划应以有利于村民生活和生产活动为出发点，这是提高村民参与度的基础。村庄规划要提高农村人居环境质量，并且能够帮助农民更好从事农业生产。因此，在规划时必须合理规定村民居住用地，设计符合农民生活习惯的农村住宅和人居环境，为村民提供配套完善的公共服务设施和基础设施。规划还需要充分考虑农民生产活动的便利性。在规划中注重与村庄周围的自然环境有机融合，因地制宜，充分发挥环境优势。注重延续地域原有的建筑文化特色以及乡村旧有的空间格局、特有的民俗特征，发挥延续地域特征的积极作用。注重保持自然形成的秩序安定、人情浓郁和谐的乡土特色。

村党组织和村民委员会应认真研究审议村庄规划，并动员、组织村民以主人翁的态度，在调研访谈、方案比选、公告公示等各个环节积极参与村庄规划编制，协商确定规划内容。村庄规划在报送审批前应在村内公示 30 日，报送审批时应附村民委员会审议意见和村民会议或村民代表会议讨论通过的决议。

16. 村级组织如何提升应急管理能力？

危机事件严重干扰社会成员的正常生产生活。近年来，我国各种危机事件逐渐增多，对应急管理水平的要求也在不断提高。

乡村治理必须重视应急管理，预防并及时处

理村庄发展过程中遇到的各种突发事件和灾害，为村民创造和谐稳定的生产和生活环境。一是积极争取地方政府支持。政府部门在突发事件应急管理中起主导作用，因此政府部门的指导与支持是村级层面开展应急管理工作的关键，各村级组织可根据自身实际，探索适合自己的应急管理制度或办法，积极争取地方政府给予财力、物力和人力支持。二是熟悉了解农村相关应急处理规定。了解当地适用的突发事故应急管理规定等相关处置办法，了解农村应急管理须遵循的法律规范、规章制度，使各项应急工作有法可依、有章可循。三是熟悉了解相关应急设施设备。了解当地消防、急救和其他医疗应急设备、救灾物资储备及应急避难场所等应急后备设施，面对突发事件可以做到心中有数，及时有效应对处理。

应急管理需要以预防为主，对农村的各种危机进行全面预防。一是做好预案，组织演练。村级组织要动员村民参与应急管理，根据农村的实际情况制订适合本村的应急预案，并组织群众进行演练，提高应急预案的实际操作效果。二是有针对性地加强应急宣传。可以运用广播、张贴栏、网络等渠道进行宣传，针对农村常见突发情况采取编印防灾减灾通俗读物、举办知识讲座等多种形式进行宣传，对农村不同人群采取不同方式进行应急知识宣传和应急能力教育培训与演习。尤其要关注农村的老人、小孩、学生、外来流动人员等群体，要培养他们的安全意识和应急处理能力。此外，还应鼓励村民自觉学习应急知识，主动参与应急活动，关注自己和家人的生命安全，为农村稳定安全提供保障。

17. 什么是乡村数字化治理?

乡村数字化治理，指县乡政府、村级组织、农村其他组织和主体依托信息技术的运用，进行乡村公共事务决策、管理与多方合作参与的过程。乡村治理数字化是在越来越复杂的乡村现代化过程中，以现代信息技术为支撑，政府与社会力量共同作用、乡村多元主体共同参与的一种开放的、多元的乡村社会治理格局。

在乡村振兴战略中，乡村治理数字化作为突出任务被提了出来。2018 年 1 月发布的《中共中央 国务院关于实施乡村振兴战略的意见》，提出了“实施数字乡村战略”。2019 年 6 月，中共中央办公厅、国务院办公厅印发《关于加强和改进乡村治理的指导意见》，指出要建立统一的“智慧村庄”综合管理服务平台；推广村级事务“阳光公开”监管平台，支持建立“村民微信群”和“乡村公众号”；加快乡村文化资源数字化，让农民共享城乡优质文化资源；深入推进公共法律服务实体、热线、网络平台建设等。2019 年 5 月，中共中央办公厅、国务院办公厅印发《数字乡村发展战略纲要》，提出要着力发挥信息化在推进乡村治理体系和治理能力现代化中的基础支撑作用，构建乡村数字治理新体系；要依靠乡村数字治理新体系的推动，着力发挥信息技术创新的扩散效应、信息和知识的溢出效应、数字技术释放的普惠效应，加快推进农业农村现代化。

上述中央部署可以归纳为要推动乡村治理数字化三个层面的发展，即乡村治理数字化的基础设施和制度规则建设、乡村治理数字化的政务体系建设，以及乡村治理数字化对农业农村现代化的推动。

18. 如何发展农村集体经济，增加集体收入和积累?

《中华人民共和国宪法》第八条规定，国家鼓励、支持和帮助集体经济的发展。《中国共产党农村基层组织工作条例》规定，党的农村基层组织应当因地制宜推动发展壮大集体经济，领导和支持集体经济组织管理集体资产，协调利益关系，组织生产服务和集体资源合理开发，确保集体资产保值增值，确保农民受益。发展集体经济，需要注意以下几点。

第一，要做好集体资产清理，厘清集体经济

发展的现有家底。重点清查核实未承包到户的资源性资产、集体统一经营的经营性资产，以及现金、债权债务等，查实存量、价值和使用情况，明确集体所有权，健全管理制度，防止资产流失，为整合使用创造条件、打好基础。

第二，要建好集体经济组织。要按照国家农村集体产权制度改革精神，因地制宜地建立集体经济组织，做好统一社会信用代码登记，并据此向有关部门办理银行开户等相关手续，以便开展经营管理活动。

第三，要选好集体经济发展的产业方向和获利方式。要本着稳健经营的原则，开展符合自身经营能力和风险承担能力的项目，避免盲目举债、增加村级负担。鼓励采取市场化的方式盘活利用集体资产，通过资产出租、合作经营、入股经营等方式，与外部市场主体发展各类经营关系，建立紧密的利益联结机制。

第四，加强带头人建设和经营团队建设。可以采取股权激励、工资报酬与集体经济发展挂钩等措施，将有情怀、有能力的人吸收到集体经济组织经营管理队伍，发挥他们的聪明才智，逐步提升组织的生产经营能力。同时，注重发挥本地人才和村集体成员的积极性和创造性，通过合理设定产权结构，推动村集体成员将资金、土地经营权等投入集体经济组织，整合各方面资源。

模块五　农耕文化与乡风文明

1. 社会主义核心价值观有哪些主要内容？

核心价值观是一个国家、民族的精神旗帜，是人民的精神家园。党的十八大提出积极培育和践行社会主义核心价值观，主要包括倡导富强、民主、文明、和谐，倡导自由、平等、公正、法治，倡导爱国、敬业、诚信、友善。其中，富强、民主、文明、和谐是国家层面的价值目标，自由、平等、公正、法治是社会层面的价值取向，爱国、敬业、诚信、友善是公民个人层面的价值准则。作为农村实用人才带头人，要追求远大理想，坚定崇高的信念，做忠诚的爱国者，把个人的奋斗志向与国家和民族的前途命运联系在一起；要知农爱农，爱岗敬业，扎根农村，献身农业，为乡村全面振兴和农业农村现代化贡献自己的力量；要诚实守信，遵守法律法规，严守职业道德，生产安全可靠的农产品；要与人为善，宽容待人，助人为乐，亲人之间、乡邻之间要互相尊重、互相关心、互相帮助、和睦友好。

2. 乡村文化振兴的内涵有哪些？

乡村振兴既要塑形，也要铸魂。没有乡村文

化的繁荣，就没有真正的乡村振兴。乡村文化作为中国特色社会主义文化的重要组成部分，对建设社会主义文化强国、坚定文化自信意义重大。乡村文化振兴不是传统乡土文化的“情景再现”和割裂历史的“推倒重建”，而是在破立并举中去粗取精、涤旧生新，实现社会主义乡村文化的创造性转化、创新性发展。对几千年农耕社会孕育的乡土文化，既要传承弘扬其中的尊亲孝亲、崇德向善、忠孝仁义、俭约自守等优秀思想观念、人文精神、道德规范，赋予其新的时代内涵和现代表达形式；也要坚决摒弃那些厚葬薄养、封建迷信、人情攀比、高额彩礼等陈规陋习，把旧时代的糟粕彻底抛弃，以社会主义核心价值观为引领，以传承发展中华优秀传统文化为核心，以乡村公共文化服务体系建设为载体，培育挖掘乡土文化人才，弘扬主旋律和社会正气，普及科学知识，推进农村移风易俗。要善于汲取革命文化和社会主义先进文化力量，从中汲取养分，将“全心全意为人民服务”“自力更生、艰苦奋斗”和社会主义核心价值观等融入新时代乡村文化，不断培育文明乡风、良好家风、淳朴民风，改善农民精神风貌，提高乡村社会文明程度，建设邻里守望、诚信重礼、勤俭节约的文明乡村，焕发乡村文明新气象。

农民是繁荣乡村文化的主体，是乡村文化的

创造者，也是乡村文化的传承者和受益者。推动乡村文化振兴，核心在于农民要发挥主体性、主动性和创造性，要以社会主义核心价值观为引领，采取符合农村特点的有效方式，大力弘扬民族精神和时代精神。要深入实施公民道德建设工程，挖掘农村优秀传统文化教育资源，推进社会公德、职业道德、家庭美德、个人品德建设，弘扬道德新风，建设充满活力、和谐有序的乡村社会。一方面，要强化社会责任意识、集体意识、主人翁意识，树立乡村文化建设来自人民、依靠人民、为了人民、服务人民的鲜明导向。另一方面，要善于发现、挖掘乡村文化的本土人才，推动各类人才积极投身于乡村文化建设，支持乡村民间文化团体开展文化活动，加快乡村文化振兴。

3. 为什么要传承传统农耕文化?

传统农耕文化是中国劳动人民几千年生产生活智慧的结晶，它体现和反映了传统农业的思想理念、生产技术、耕作制度以及中华文明的内涵。长期以来，人们为了适应生产和发展的需要，创造了丰富多样的农业生产方式和博大精深的农耕文化。在农耕文化的形成和发展过程中，浸透着历代先贤的血汗，凝聚着中华民族的智慧。传统农耕文化集中升华了亿万民众的实践经验、教训和成功，反映了中华民族对人与自然之间的关系、规律的认识与把握。传统农耕文化中的许多理念，在人们的生活和农业生产中仍具有现实意义。保护、传承和利用好优秀传统农耕文化，不仅在维系生物多样性、改善和保护生态环境、保障食品安全、促进资源持续利用、传承民族文化、保护独特景观、推动乡村旅游方面具有重要价值，而且对保持和传承民族特色、地方特色、传统特色，丰富文化生活与促进社会和谐等方面发挥着十分重要的基础性作用。

我国既是一个历史悠久的文明古国，也是一个传统的农业大国。近万年的农业生产是中国传统文化产生和发展的社会基础，也是几千年农耕文化形成和发展取之不尽的源泉。传统农耕文化是中华文化的根，它贯穿于中国传统文化的始终，其中的许多理念、思想和对自然规律的认知（如夏历、二十四节气、阴阳五行等）在现代仍具有一定的现实意义和应用价值，在农村和农民的日常生活中、在农业生产中仍起着潜移默化的作用，在守住民族精神根脉、传承中华优秀传统文化方面也发挥着十分重要的基础作用。

4. 设立中国农民丰收节有什么意义？

一是有利于进一步彰显“三农”工作的重

要地位。习近平总书记强调，农业农村农民问题是关系国计民生的根本性问题。设立中国农民丰收节能够进一步强化“三农”工作在党和国家工作中的重中之重的地位，引起各个方面对农业、农村、农民的关注和重视，营造重农强农的浓厚氛围，凝聚爱农支农的强大力量，推动乡村振兴战略实施，促进农业农村加快发展。

二是有利于提升亿万农民的荣誉感、幸福感、获得感。设立中国农民丰收节，给农民一个专属的节日，通过举办一系列具有地方特色、民族特色的农耕文化、民俗文化活动，可以丰富广大农民的物质文化生活、展示新时代新农民的精神风貌，这顺应了亿万农民的期待，满足了亿万农民对美好生活的需求。

三是有利于传承弘扬中华农耕文明和优秀文化传统。在工业化、城镇化加快推进的过程中，人们对传统农耕文化的记忆正在淡化，设立中国农民丰收节，树立一个鲜明的文化符号并赋予新的时代内涵，可以让人们以节为媒，释放情感、传承文化、寻找归属，可以汇聚人们对那座山、那片水、那块田的情感寄托，从而享受农耕文化的精神熏陶。所以，设立这个节日，无论从政治上、经济上、文化上，还是从社会进步上，都具有重要意义。

5. 什么是乡村非物质文化遗产？

非物质文化遗产是指各族人民世代相传并视为文化遗产组成部分的各种传统文化表现形式，以及与传统文化表现形式相关的实物和场所。包括：①传统口头文学以及作为其载体的语言；②传统美术、书法、音乐、舞蹈、戏剧、曲艺和杂技；③传统技艺、医药和历法；④传统礼仪、节庆等民俗；⑤传统体育和游艺等。与农村、农民、乡村社会相关的各种传统文化表现形式都可作为乡村非物质文化遗产。

我国数千年的传统农业社会积累了丰富的非物质文化遗产，它们流传至今并仍被当今农村社会广泛接受、喜闻乐见，应作为宝贵的资源加以保护、传承和弘扬。乡村非物质文化遗产根植于乡村社会，是不同时代乡村生活的智慧积累，曾经在农民的生产生活中发挥着重要作用，反映了特定历史时期的生产力，构成了一方百姓的精神寄托，蕴含着丰富的政治价值、经济价值和文化价值。例如很多民间技艺能够传承下来，往往凝结了先人的智慧和几代人的心血。尽管时代发展迅速，很多技术已经出现了革命性的发展，但是非物质文化遗产中蕴含的精华，始终都是可资借鉴的宝贵资源，对当今社会的发展依然具有重要的现实意义。乡村非物质文化遗产有助于繁荣农村文化市场，丰富农村文化业态，为农业、农村现代化发展注入了强大的精神动力，是应当代代传承的精神宝藏。农村实用人才带头人应积极投身发掘保护乡村非物质文化遗产资源的行动中，为繁荣农村文化市场、丰富农村文化业态、推动农业农村现代化贡献力量。

6. 我国有哪些代表性的农业文化遗产？

重要农业文化遗产是指人类在与其所处环境长期协同发展中创造并传承至今的独特农业生产系统。这些系统具有丰富的农业生物多样性、传统知识与技术体系，以及独特的生态与文化景观等，对我国农业文化传承、农业可持续发展和农业功能拓展具有重要的科学价值和实践意义。

我国悠久灿烂的农耕文化历史，加上不同地区自然与人文的巨大差异，创造了种类繁多、特色明显、经济与生态价值统一的重要农业文化遗产。这些都是我国劳动人民凭借着独特而多样的自然条件和勤劳与智慧，创造出的农业文化典范，蕴含着天人合一的哲学思想，具有较高历史文化价值。但是，在经济快速发展、城镇化加快推进和现代技术应用的过程中，由于缺乏系统有效的保护，一些重要农业文化遗产正面临着被破坏、被遗忘、被抛弃的危险。为加强我国重要农业文化遗产的挖掘、保护、传承和利用，相关部门开展了中国重要农业文化遗产发掘工作，截至2021年，分六批认定了138项中国重要农业文化遗产。其中，有15个项目进入全球重要农业文化遗产保护名录，位居世界第一，包括浙江青田稻鱼共生系统、云南红河哈尼稻作梯田系统、江西万年稻作文化系统、贵州从江侗乡稻鱼鸭系统、云南普洱古茶园与茶文化系统、内蒙古敖汉旱作农业系统、浙江绍兴会稽山古香榧群、河北宣化传统城市葡萄园、江苏兴化垛田传统农业系统、陕西佳县古枣园、福建茉莉花和茶文化系统、甘肃迭部扎尕那农林牧复合系统、浙江湖州桑基鱼塘系统、山东夏津黄河故道古桑树群和中国南方稻作梯田。

7. 乡村建设如何做好历史文化保护?

总体上，要结合乡村实际情况划定乡村建设的历史文化保护线，保护好文物古迹、传统村落、民族村寨、传统建筑、农业遗迹、灌溉工程遗产。传承传统建筑文化，使历史记忆、地域特色、民族特点融入乡村建设与维护。支持农村地区优秀戏曲曲艺、少数民族文化、民间文化等传承发展。完善非物质文化遗产保护制度，实施非物质文化遗产传承发展工程。实施乡村经济社会变迁物证征藏工程，鼓励乡村史志修编。

乡村建设要提升历史文化保护工作的科学

性。①根据本地区的实际情况拟定历史文化保护方案，通过规范化的文本形式，将需要保护的历史文化加以明确，并进行详细说明，确保历史文化保护工作有章可循。②明确相关主体的职责，推动政府、乡村基层组织与农民联动，确保历史文化保护工作落到实处。③通过相应的技术措施提升保护工作的科学性和实效性，确保保护工作的良好开展。

乡村建设要打造特色化的历史文化内容体系，保护与利用相结合，通过保护来推动历史文化的传承，实现历史文化价值的最大化发挥。在保护工作的开展过程中，要根据本地的实际情况来打造具有地方特色的综合性文化体系，将相关的历史文化元素通过一定的方式加以糅合，形成地域特征明显的文化发展链条。

8. 如何倡导乡村诚信道德规范？

倡导乡村诚信道德规范，整体上要响应国家号召，深入实施公民道德建设工程，推进社会公德、职业道德、家庭美德、个人品德建设。推进诚信建设，强化农民的社会责任意识、规则意识、集体意识和主人翁意识。建立健全农村信用体系，完善守信激励和失信惩戒机制。树立劳动最光荣、劳动者最伟大的观念。弘扬中华孝道，形成孝敬父母、尊敬长辈的社会风尚。广泛开展好媳妇、好儿女、好公婆等评选表彰活动，开展寻找最美乡村教师、医生、村干部、人民调解员等活动。深入宣传道德模范、身边好人的典型事迹，建立健全先进模范发挥作用的长效机制。

各地可结合当地实际情况，打造“诚信乡村”，将弘扬诚信文化传统与弘扬社会主义核心价值观以及创建全国文明城市有机结合，丰富乡村发展内涵。开展“传家训、立家规、扬家风”评选活动，弘扬和传承“恪守信义”的优良家风家训；在乡村中小学开展“讲诚信树新风”手抄报比赛，将诚实守信潜移默化地根植于广大学生心中；把文明诚信和移风易俗写入村规民约中，形成长效机制，让农村带头人、村干部等带头讲诚信，促使全民讲诚信蔚然成风，形成以诚信带民风、民风带家风、家风带村风、村风促治理的新格局。

倡导乡镇企业加强诚信经营、诚信服务等“软环境”建设，塑造“诚信乡镇企业”新形象，促进文旅产业发展，提升农业核心竞争力，带动经济社会发展；开展诚信主题教育实践活动，营造人人知诚信、人人讲诚信的氛围；依托传统优势及新兴产业，壮大乡村“诚信经济”。进一步打造诚信文化旅游先行村（镇）、城乡商贸诚信经营示范村（镇）、村（镇）营商环境建设示范区、文明乡村示范区、村规民约践行与德治样板区等。

9. 村规民约的制定与执行如何更有效?

村规民约是由村民集体制定、自觉履行的民间公约，是基层社会组织成员的一种共同的行为规范，具有广泛的群众性、切实的可行性、教育的引导性、行为的约束性，成为中国基层社会治理过程中不可或缺的规范体系。村规民约的制定和执行建议遵循以下原则：

（1）坚持依法依规修约。以国家的法律、法规和党的方针、政策为指导，合乎法律和政策尺度，保证村规民约的制定和施行在法律的框架下运行，不得侵犯公民人身权利、民主权利和合法财产权利，不得妨害国家和集体的合法权益。

（2）坚持民主修约。充分发扬民主，注重听取不同意见，注重保障少数人的合法正当权益，通过广泛深入的讨论、论证、协商，最大限度地体现村民的利益和意愿。

（3）坚持问题导向。村规民约的内容，要在继承原有规范村民行为、环境卫生管理、履行法律义务、计划生育、社会公德、家庭美德、村风民俗、邻里关系、公共秩序、治安管理、精神文明建设等方面合法合理约定的基础上，针对当前惠民政策落实、兴办公益事业、重大事项决策、矛盾纠纷调解、村组织选举等村民关心关注的热点问题以及关系村民切身利益的重要问题，制定新规新约。

（4）坚持男女平等。破除男尊女卑封建思想，强化性别平等理念，在决策管理、利益分配、养老模式及婚育制度等方面充分体现男女平等，女性享有与男性平等的机会、资源和权利，切实保护妇女的合法权益。

（5）坚持从实际出发。一切从实际出发，注重实效，符合本村的村情、民意，防止简单照抄照搬法律法规和政策条文，充分调动广大村民参与村庄治理的积极性，推动农村经济社会和谐发展。

10. 如何丰富乡村文化生活?

（1）坚持农民在乡村文化生活中的主体地位。要立足农村经济发展实际，开展与农民生活水平相适应的文化活动；应关注农民本身的精神需要，帮助农民重建自己的精神家园，建立现代农村文化价值体系，与以人为本、人的内心和谐、人与自然协调相处等价值观念融合，为农民提供积极向上和健康的文化，帮助农民重新找到生活的价值和意义，让他们在变动的世界中重拾信心和力量，得到心灵的慰藉。

（2）培育、发挥农民在丰富乡村文化生活中的自主性，激发农民自身的活力。动员乡村文化能人在民间传统文化传承的内容和形式创新上做文章，如改编一些旧戏曲或编写传唱一些新的戏曲、民谣，体现新的文化生活理念，寓教于乐，通过口耳相传逐渐深入人心，进而形成健康的文化生活形态。农村实用人才带头人与农村基层组织一起发掘乡村文化人才、提供文化活动场地和培育文化氛围。培育本村的文化能人，让其担任一些与农村文化活动相关的职务，定期组织其参加外出培训，更新其文化知识，避免文化活动和文艺演出的重复性，保持农村文化生活的创新性。定期组织文化活动并对从事农村文化活动的人员给予奖励（精神奖励为主，物质奖励为辅）。

（3）激发乡村文化人才的积极性和创造性，保持文化团体的辐射力和生命力。鼓励、动员乡村文化人才成为文化活动的先锋，承担组织农村文化活动的职责。文化活动应源于农村生活、农民喜闻乐见、便于农民参与，为农民输送有价值的信息，满足农民群众多方面、多层次的精神文化需求。

（4）积极响应各级政府的乡村文化治理举措。乡村文化的有序发展，离不开各级政府的引导与治理。应利用互联网和大数据优势，配合建设乡村文化电子政务；协助政府规范农村文化市场，监督、检举黄赌毒等违法活动，营造积极向上的文化氛围；积极响应“推进移风易俗，培养文明乡风”行动，开展“家庭追思会”“网上祭祀”“代祭扫”等文明祭祀活动，树立祭祀文明新风。

11. 如何发掘本地的特色文化产业？

（1）要充分发挥基层党组织和本地农民的主体作用。发展特色文化产业的主体应该是本地农民，具体体现在：①基层党组织要带头当好农民的“主心骨”，沉下心去、静下心来，做慢工、出细活，升级一批镇街综合文化站、村（社区）文化室、农家书屋等基层文化基础设施“硬件”，优化形势政策教育、法律知识普及活动、广场舞比赛、文艺演出、电影放映等基层文化活动“软件”，培育打造一批公共文化服务品牌。②村民要广泛参与，当好主力军，充分表达文化需求，积极发挥农民的文化创造力，主动参与乡村文化产业，自主开展反映地域特色的乡村文化活动，发挥乡村文化振兴主力军作用。

（2）农村实用人才带头人要立足本地实际，整合农村文化资源，打造具有本地特色的文化产业。①开发具有地域特色和市场竞争力的乡村文化产业，形成乡村文化整体合力。不同地区有各自的乡风民俗和文化资源，要扬长避短，充分挖掘地方文化资源，积极整合文化优势，打造人文景观品牌、民间艺术品牌、绿色农业品牌、地域生态旅游品牌、乡村风情旅游品牌、民间工艺品牌、历史名胜名人品牌、红色文化品牌等，形成具有鲜明地域特色的文化品牌产业。②不同地区的乡村各有独具特色、独具魅力的艺术品种，如不同的剧目、民歌、舞蹈等，要整合文艺资源，释放乡村艺术的经济价值，推动文化的产业化发展。

12. 如何把乡村特色文化融入产业发展？

（1）以城乡文化融合引领乡村特色文化。中华文明几千年的传统在乡村，乡风文明的精神内核是维系乡村社会秩序的纽带。实现乡村振兴，需要立足乡村文明，吸收城市文明及外来文化的优秀成果，推动乡村优秀传统文化创造性转化、创新性发展。要在实践中努力创新，为乡村传统文化注入科技元素，使乡村传统文化既能跟上时代发展的步伐，又能保持和弘扬精髓。随着城乡融合不断深入，要秉持“以城带乡、城乡互动”的原则，统筹城乡公共文化设施的布局、服务提供、队伍建设，推动文化技术、文化产品和专业人才等文化资源向乡村倾斜，提高文化服务的覆盖面和适用性，促进城乡文化无障碍衔接与融合发展。

（2）积极参与乡村文化产业经营。随着城市生活节奏的加快和工作压力的增加，越来越多的人向往乡村恬静、自然的简单生活。结合城市群体的消费需求，越来越多的农户从事水果采摘、乡村旅游、乡村康养、农耕文化体验等经营活动，既满足了城市消费者的需求，又增加了收入，还繁荣了乡村文化事业。加快发展乡村文化产业，不仅能让农耕文化得以传承，还可以优化乡村产业结构，实现乡村一二三产业的有机融合。通过建立地方特色和民族特色文化资源挖掘利用机制，可以充分利用乡村社会蕴藏的丰富多彩的文化资源，如乡村建筑、乡村生产生活工具、地方小吃、民族服饰、民族工艺品、民间艺术品、地方文艺表演等，发展特色文化产业。有些地方的文化资源已经或者正在消逝，要通过寻找、记录、弘扬、传承等方式，充分挖掘和保护这些乡村文化资源。同时，还要大力创新传统工艺模式，发展特色工艺产品和品牌，将地方优秀的文化资源融入市场、转化为文化产品，打造文化品牌，实现文化资源向文化品牌的跨越。

（3）通过多种形式，充分展现和传播乡村特色文化的持久魅力。①用好文艺渲染，立足乡村文化资源禀赋，深入挖掘乡村文化元素，搜集整理一批乡村历史文化故事，创作推出一批反映乡村文化的“三农”题材精品力作，讲好变革中的乡村故事，塑造新时代农民形象，将乡村文化活化，让乡村留住记忆，让人们记住乡愁。②用好文旅融合，发挥历史文化古村（镇）、乡村文化展览馆、乡情村史馆等的展示作用，策划好非物质文化遗产展示、民俗节庆活动、亲子农耕活动等动态体验项目，推动一批有文化内涵、有地域特色的民宿发展，让游客全方位感受乡村文化魅力，用文化提升旅游、用旅游传播文化。③用好科技工具，利用微信、微博、短视频等，通过网络直播、网络购物等方式，原汁原味地展现乡村文化风貌，销售推广具有乡村特色的文创产品，打破束缚乡村文化传播的时空限制，扩大乡村文化的影响力。

13. 如何提高村级农村文化建设村民参与度?

要支持群众文体社团建设。引导成立由群众自我组织、自我管理、自我服务的文体活动理事会或俱乐部，通过理事会、俱乐部常态化组织开展各类文体活动。

要充分发挥农村文化人才队伍的优势。积极借助当地政府的扶持政策。例如，可以在寒暑假期间招聘当地大学生进行知识传授、书本解读或担任书屋宣传员，维护文化学习主阵地；借助党员活动室、宣传画报等对群众进行惠民政策普及和致富项目宣传。

要有意识地培养基层群众文艺骨干。开展好

面向基层文体人才、文体团队的辅导培训，变“送文化”为“种文化”。同时，通过招募使用文艺志愿者的形式，选择一批责任心强、积极热情的人员参与到基层文化设施的管理与维护工作中。

要打造数字化公共文化服务平台。统筹文化馆、博物馆、图书馆、农家书屋、农村数字电影放映、广场活动等资源，积极构建数字化公共文化服务平台，促进数字智能终端、移动终端等新型载体在基层公共文化服务领域中的应用，让百姓“口袋式”享受文体零距离服务。

模块六　健康生活

1. 什么是健康生活方式?

健康生活方式，是指有益于健康的习惯化的行为方式。它主要表现为生活有规律，没有不良嗜好，讲究个人卫生、环境卫生、饮食卫生，讲科学、不迷信，注意保健，生病及时就医，积极参加健康有益的文体活动和社会活动等。

健康生活方式包括：合理膳食、适量运动、戒烟限酒、心理平衡四个方面。

（1）合理膳食。平衡膳食，总量控制，品种多样，限盐控油。

（2）适量运动。生命在于运动，运动需要科学。鼓励每周进行三次以上、每次 30 分钟以上的中等强度运动。

（3）戒烟限酒。不吸烟，控制饮酒量。成年男性每天摄入酒精量不超过 25 克，相当于啤酒 750 毫升或 38 度的白酒 75 克。

（4）心理平衡。做到三个快乐：助人为乐，知足常乐，自行其乐。

不健康的生活方式是影响健康和寿命的主要因素，如吸烟、酗酒、缺乏体力活动、膳食不合理等生活方式，与高血脂、高血压、高血糖、肥胖等密切相关。因此，国家相关部门发起全民健康生活方式行动，倡导健康生活方式。

知识链接

全民健康生活方式倡议

1. 定期体检，把投资健康作为最大回报。

2. 不吸烟、不酗酒，尽量不熬夜，戒烟限酒，规律作息。

3. 天天有乳制品、豆制品，多吃水果蔬菜，控油限盐。

4. 食不过量，规律用餐。

5. 少静多动，动则有益，不拘形式，贵在坚持。

6. 积极投身“日行一万步，吃动两平衡，健康一辈子”的“健康一二一”行动。

7. 保持良好心理状态，自信乐观，喜怒有度，静心处世，诚心待人。

8. 传播科学的健康知识，反对不科学和伪科学信息。

注：全民健康生活方式日为每年9月1日。

2. 为什么要坚持体育健身?

适量的体育运动不但有助于保持健康的体

重，还能降低患高血压、脑卒中、冠心病、糖尿病、乳腺癌和骨质疏松症等疾病的风险，有助于调节心理平衡，消除压力，缓解抑郁和焦虑症状，改善睡眠。少静多动，动则有益。运动应量力而行，选择适合自己的运动方式、强度和运动量。

体育锻炼增强体质贵在坚持，因为人体结构和功能的变化是逐渐积累、逐渐完善、逐渐提高的结果，绝非一朝一夕之功。只有长期坚持体育锻炼，才能促使这些变化得到巩固和提高，才能不断增强体质。如果中断体育锻炼，人体结构和功能上的变化仍可以减退。因此，体育健身必须持之以恒。

3. 如何进行科学有效的健身?

要想保持身体健康需要经常参加体育运动，而体育运动需要科学有效的健身技能与方法。科学健身要因人而异，一般群众的体育健身处方如下：

（1）健身时间。每次健身时间在一小时左右为宜，并不是运动时间越长，运动效果越好。超强度和长时间的运动对关节产生伤害。

（2）健身内容。散步、慢跑、爬山、打太极拳、打球、做健身操等是增强心肺功能和体质的很好的健身项目。随着体质的增强，可逐步加大运动强度和运动量。

（3）运动强度。运动心率控制在靶心率（计算方法为 170－年龄）以下。例如年龄是 60 岁，运动心率需要控制在 170－60＝110（次/分）以下。

（4）运动频率。每周 3～5 次。

健身运动禁忌：

第一，忌过度兴奋的运动。这类运动会使血液循环加快、血压急剧升高，尤其是患有高血压、冠心病等心血管疾病的老年人，做过度兴奋的运动易导致心肌梗死或脑卒中的发生，甚至危及生命。

第二，忌憋气运动。人随着年龄的增大，呼吸功能减弱，肺活量下降，肺泡弹性降低，过量憋气运动会损伤呼吸肌，甚至引起肺泡破裂从而导致肺部和支气管出血。

第三，忌快速、超负荷运动。快速运动或举重等超负荷运动，都会使心脏负担过重，易导致昏倒等事故的发生，或造成骨骼变形、损伤等。

第四，忌带病运动。生病时，身体各器官的功能比平时差、抵抗力弱，此时进行体育运动，会加快体能的消耗，降低抗病能力，易导致病情加重。

4. 如何增强体质?

体质即人体的质量，是在先天遗传的基础上

和后天环境的影响下，人的身心两方面相对稳定的特质。体质是健康的物质基础。现在生活水平越来越高了，但人的体质却越来越差了，那么该如何锻炼身体、增强体质呢?

（1）晨跑。是指在早晨以跑步为主，进行身体锻炼的一种运动方式。晨跑主要是慢跑，坚持晨跑可以增强体质、提高免疫力、改善精神状态。这是简单有效、强身健体的好途径。

（2）早餐。俗话说："早上要吃好。"但是很多人却养成了不吃早餐的习惯，这很不利于身体健康。早餐是一天中最关键的一餐，尤其是对体质差的人，有营养的早餐很重要，有助于强身健体。

（3）晚上散步。白天都忙着干活，只有到了晚上才有空闲，吃完饭后可以去散散步，这样同样有利于我们的身体健康。俗话说得好："饭后百步走，活到九十九。"切记不能饭后立刻运动，饭后立刻运动会影响消化功能，要等20～30分钟后再去散步。

（4）正常休息。良好的睡眠可以提高人体的免疫力，提高人体的免疫系统机能，从而有助于抵御各种病毒的入侵，达到强身健体的目的，所以应该保持正常良好的作息，早睡早起身体好。

（5）忌烟酒。吸烟对人体是百害而无一利的，过量饮酒同样有损身体健康，应杜绝吸烟、少量饮酒。

5. 如何科学合理饮食?

科学合理饮食是指吃饭要有规律，不能暴饮暴食。坚持科学合理的饮食就是要选择多样化的食物，使食物中所含营养元素齐全、比例适当，以满足人体需要。

科学合理饮食：有粗有细，不甜不咸，三四五顿，七八分饱。

（1）有粗有细。是指一周要吃三四次粗粮，如玉米面、甘薯等，粗细搭配营养最均衡。

（2）不甜不咸。是指饮食宜清淡，少吃盐，少吃糖。饮食过咸，体内钠离子过剩，会使血压升高，甚者造成心脑血管功能障碍。吃甜食过多，易引起中间产物如蔗糖的积累，而蔗糖可导致高脂血症和高胆固醇血症，严重者还可诱发糖尿病。

（3）三四五顿。是指每天吃的餐数。绝对不能不吃早餐、只吃两顿。在总量控制的原则下，一天吃三顿是常规的用餐数。在此基础上，可适当加餐一至两顿，如在早餐与午餐中间加一顿餐，吃点点心，少食多餐，但不是越吃越多。

（4）七八分饱。是指吃饭不能吃得过饱，宜吃七八分饱。长期饱食会使人体弱多病，尤其是过饱的晚餐，因热量摄入太多，会使体内脂肪过剩、血脂增高，导致脑动脉硬化，还会诱发胆结石、胆囊炎、糖尿病等疾病。

一日三餐不仅要定时定量，而且要保证营养的供应，做到膳食平衡。要求：早餐吃好、午餐吃饱、晚餐吃少。早餐吃好，是早餐应吃一些营养价值高、少而精的食品；午餐吃饱，是午餐要保证餐食的质与量；晚餐宜少而淡，也不宜吃得太晚，在下午6时左右吃为宜。

因此，只有坚持科学合理饮食，才能从营养和卫生两方面把好“病从口入”关。

6. 维护健康应注意哪些问题？

（1）营养。营养不足和过剩都会引起疾病。要荤素搭配，多吃新鲜蔬菜、水果，适量吃鱼类、蛋类、豆类制品及乳制品等，多吃天然食物，少吃加工食物和调味品。

（2）动。适当的运动是一剂补养佳品。坚持运动，尤其是户外活动，还可放松大脑、陶冶情操。步行就是一种很好的运动方式，每天晚饭后都可走上一段。

（3）水。多喝水可促进新陈代谢。晨起一杯水，有助于冲洗胃肠道，预防心绞痛的发作。要养成每天晨起喝水、未渴先饮的好习惯。

（4）阳光。阳光中的紫外线，可杀死病菌，还可促进钙的吸收。多晒太阳有助于防治骨质疏松症。

（5）节制。拒绝一切有损身体健康的不良嗜好，要戒烟，不要过量饮酒，要拒绝“三高”食物及过咸食物。

（6）空气。清新的空气能促进人体健康，要注意保持房间空气流通，经常到户外走走。

（7）休息。每天的睡眠要保证有 6～8 小时，坚持早睡早起，午饭后应午睡片刻，安排一定的休闲时间，以消除大脑、身体的紧张和疲惫。

（8）心情。很多疾病都与长期的不良情绪有关，像癌症、冠心病、高血压、溃疡、偏头痛等疾病的发生都与长期的不良情绪有一定关系。应积极地看待世界和周围的事物，保持身心愉悦，心怀对美好生活的向往。

7. 为什么说家庭、邻里的和睦有益于健康?

人际关系是人与人在社会交往过程中所形成的心理关系，反映人与人之间的心理距离。诸如家庭中的父母关系、夫妻关系、亲子关系，社会中的邻里关系、同事关系、同学关系等，都是人际关系的不同表现形式。

良好的人际关系有助于心理活动的调节。家庭和睦、邻里友善、人际关系好，有助于营造一个良好的生活环境。另外，积极、友好的社会交

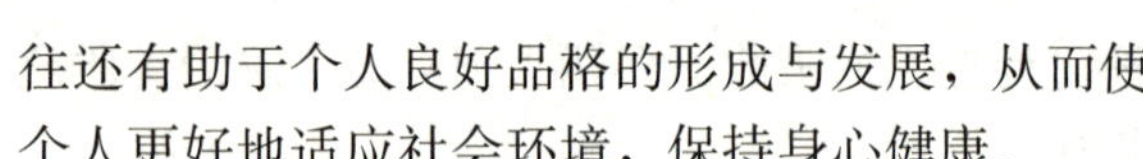

往还有助于个人良好品格的形成与发展，从而使个人更好地适应社会环境，保持身心健康。

知识链接

家庭和睦　邻里融洽

尊长者，爱晚辈，讲民主，不独行。
夫妻间，重感情，相濡沫，敬如宾。
一家人，互关心，人健康，最开心。
亲帮亲，邻帮邻，邻里和，胜远亲。

8. 怎样保持良好的心理健康状态?

心理健康是指精神、活动正常，心理素质好。简单来说，就是既能过着平平淡淡的日子，也能经受得起各种事情的考验。下面心理健康的十项标准，您达到了几项?

知识链接

心理健康的十项标准

1. 充分的安全感。

2. 充分了解自己，对自己的能力做出恰如其分的判断。

3. 生活目标切合实际。

4. 与外界环境保持良好接触。

5. 保持个性的完整和谐。

6. 具有一定的学习能力。

7. 保持良好的人际关系。

8. 能适度地表达和控制自己的情绪。

9. 有限度地发挥自己的才能与兴趣爱好。

10. 在不违背社会道德规范的前提下，个人的基本需要得到一定程度的满足。

要保持良好的心理健康状态，应做到：

(1) 善于自我克制。保持清醒的头脑，控制情绪。总结自己受挫的原因，理智地面对事业和情感上的失意，不必为烦心的事情大动肝火。

(2) 善于自我排解。做自己喜欢做的事，如看电视、唱歌、跳舞等。

(3) 善于减轻自己的精神负担，消除心中的郁闷。根据自己的性格、喜好以及当时的心情，或选择幽静清新的环境，或选择人多热闹的公共场所，借以转移注意力，忘掉令人心烦意乱的事情。

(4) 寻找适当的方式宣泄内心情感。尽可能寻找知心朋友倾吐心中的苦闷，听取他们的意见和建议，让心中的郁结尽快解开。

9. 农村公共卫生环境如何维护?

维护农村公共环境的主要措施有保护水源、积肥蓄粪无害化、修建卫生厕所、保持空气清洁。

（1）保护水源就是保护生命，水资源的保护和利用刻不容缓，尤其是要注意对农村饮用水水源和灌溉水源的保护。保护水源、防止水污染、对饮用水消毒处理等，对于预防传染病、保障村民健康，具有非常重要的作用。

（2）积肥蓄粪无害化。粪便里含有大量的氮、磷、钾等农作物所必需的元素，肥效高，用途广。但是，粪便里含有细菌、病毒以及寄生虫卵等，处理不当就会污染环境，或通过苍蝇、家养动物等传播疾病。因此，没有经过处理的新鲜粪便，不能当作肥料施用到田地里。可以通过粪尿混合封存法、发酵沉卵法、沼气发酵法、高温堆肥法、化学药物处理法等方法进行粪便无害化处理，杀死粪便里的致病微生物和寄生虫卵，提高粪便的肥效，防止苍蝇滋生，防止污染土壤、水源、空气以及周围环境。

（3）修建卫生厕所。厕所是收集和贮存粪便的主要场所，也是进行粪便无害化处理、更好地发挥粪便肥料作用的必要条件。因此，修建卫生厕所对积肥、保肥、防止污染、减少疾病都有重要意义。

卫生厕所是指有墙、有顶，厕坑及贮粪池无渗漏，贮粪池有盖，厕室清洁、无蝇蛆、基本无臭味。其主要形式包括三格化粪池式、三联沼气池式、双瓮漏斗式、完整下水道式等（图 6－1）。

图 6－1 卫生厕所

（4）保持空气清洁。保护农村空气免受污染的办法有很多，主要有：工厂要与村民居住区保持合理、安全的距离；绿化造林；改变燃烧方法和燃料的组成；工厂改进排烟设施等。

10. 农村常见的污染源与污染物有哪些？

人类所患的许多疾病与环境污染有很大的关

系。农村环境污染主要来自农药、化肥、残膜、畜禽和水产养殖污染等。

（1）农药污染。使用农药能够减少病虫害，促进农业增产，但过量使用或使用不当易引起人急性中毒。农药中的有机溶剂及部分残留农药会污染土壤、大气和水环境，引起新生儿畸形以及白血病、肝癌等各种疾病的发生。

（2）化肥污染。化肥用量过大，化肥使用不当或使用后利用率不高，都会导致化肥大量流失，引起水体、土壤和大气污染。

（3）残膜污染。农膜是塑料制品，极难分解，残膜若不能及时回收，会造成地下水难以下渗、土壤次生盐碱化，影响土壤质量和作物产量。

（4）畜禽和水产养殖污染。畜禽养殖物排泄的粪便等废弃物会污染土壤、水和空气，患病或隐性带病畜禽的排泄物会引起疫病传播。水产养殖产生的排泄物、饲料残饵、农药残留都会对养殖水体造成污染。

11. 农村人居环境整治提升行动主要内容是什么？

（1）推进农村生活垃圾治理。统筹考虑生活垃圾和农业生产废弃物利用、处理，推行适合农村特点的垃圾就地分类和资源化利用方式，建立健全符合农村实际、方式多样的生活垃圾收运处置体系。开展非正规垃圾堆放点排查整治，重点整治垃圾山、垃圾围村、垃圾围坝、工业污染“上山下乡”。

（2）开展厕所粪污治理。合理选择改厕模式，推进厕所革命。加快推进户用卫生厕所建设和改造，同步实施厕所粪污治理。按照群众接受、经济适用、维护方便、不污染公共水体的要求，普及不同水平的卫生厕所。引导农村新建住房配套建设无害化卫生厕所，人口规模较大村庄配套建设公共厕所。鼓励各地结合实际，将厕所粪污、畜禽养殖废弃物一并处理并资源化利用。

（3）梯次推进农村生活污水治理。根据农村不同区位条件、村庄人口聚集程度、污水产生规模，因地制宜采用污染治理与资源利用相结合、工程措施与生态措施相结合、集中与分散相结合的建设模式和处理工艺。积极推广低成本、低能耗、易维护、高效率的污水处理技术，鼓励采用生态处理工艺。加强生活污水源头减量和尾水回收利用。将农村水环境治理纳入河长制、湖长制管理。

（4）提升村容村貌。加快推进通村组道路、入户道路建设，解决村内道路泥泞、村民出行不便等问题。整治公共空间和庭院环境，消除私搭乱建、乱堆乱放。提升农村建筑风貌，突出乡土特色和地域民族特点。推进村庄绿化，充分利用闲置土地组织开展植树造林、湿地恢复等活动，建设绿色生态村庄。完善村庄公共照明设施。

（5）加强村庄规划管理。推进实用性村庄规划编制实施，做到农房建设有规划管理、行政村有村庄整治安排、生产生活空间合理分离，优化村庄功能布局，实现村庄规划管理基本覆盖。推行政府组织领导、村委会发挥主体作用、技术单位指导的村庄规划编制机制。村庄规划的主要内容应纳入村规民约。加强乡村建设规划许可管理，建立健全违法用地和建设查处机制。

（6）完善建设和管护机制。基本建立有制度、有标准、有队伍、有经费、有督查的村庄人居环境管护长效机制。鼓励专业化、市场化建设和运行管护，推行环境治理依效付费制度，健全服务绩效评价考核机制。支持村级组织和农村“工匠”带头人等承接村内环境整治、村内道路、植树造林等小型涉农工程项目。组织开展专业化培训，把当地村民培养成村内公益性基础设施运行维护的重要力量。

12. 农村地区疫情防控重点是什么？

农村地区疫情防控必须做到“早发现、早报告、早隔离、早诊断、早治疗”。

农村地区疫情防控面临的难点是，农村地区

医疗条件比较薄弱，有不少农民群众防控意识和能力不是很强，同时农村地区有走亲访友的习惯，带来人员的流动。农村地区疫情防控要及早部署，按照地方部署安排，迎难而上，抓住重点采取措施，把防控工作做在前面。

（1）要强化农村地区防疫工作，积极推动各项防控措施落实落地，迅速组织动员基层组织和农民群众开展防疫。

（2）充分发挥村“两委”、第一书记、驻村干部和广大农村党员作用，组织开展好群防群控。

（3）坚持农村地区网格化管理，设置卡口，对进入村庄的人员查验行程码、查验健康码、登记基本信息。做好农村返乡人员，以及边境地区、农贸市场、乡村旅游景点等重点地区流动人员的监测、跟踪、筛查和联络服务工作。

（4）实施农村重点场所限流。对农村地区的农贸市场、养老院、超市和便利店等重点场所进行人流量控制，落实测温、验码、戴口罩、1 米线等防护措施。对农村公厕、垃圾投放点、核酸检测点等公共区域落实防疫措施。对卫生室等必要开放场所，在做好防控措施的基础上有序开放。

（5）广泛开展宣传教育，引导农民群众积极接种疫苗，倡导戴口罩、勤洗手、少聚集，提高防疫意识。

（6）推进村庄环境整治，开展大扫除、大清洁、大整治，巩固疫情防控成果。

13. 家庭卫生环境对健康有哪些影响?

家庭卫生环境与人们的日常生活紧密相关，直接影响居民的健康状况。农村家庭饮用水、厕所、生活能源、生活垃圾和污水等是影响农村居民健康的主要因素。

（1）家庭饮用水和厕所对健康的影响。家庭饮用水和厕所是家庭卫生中与人们生活联系最为紧密、最具社会普遍性的部分。未经过滤处理的饮用水存在大量微生物，水质未达到国家安全饮用水标准，会导致腹泻，影响居民身体健康。厕所卫生情况对病原体的传播影响很大，病媒生物繁殖和扩散会增加居民患肠道传染病和寄生虫病的风险。全球每年因饮用水不良和厕所不卫生导致的腹泻等疾病而死亡的人数约 240 万人，占全球每年死亡总人数的 4.2%。研究显示，自来水与冲水式厕所的使用不仅显著影响农民的生理健康，还影响农民的精神健康，尤其是带给家中儿童更大的健康收益。

（2）家庭生活能源对健康的影响。家庭生活能源结构不合理导致的室内外空气污染成为影响人体健康的重要因素。农村主要生活能源中，秸秆、薪柴和煤炭等固体燃料在不完全燃烧过程中，释放大量的悬浮颗粒物、温室气体、有毒物质等，污染了空气，破坏了生态环境。据世界卫生组织的数据，2012 年煤炭和柴草等固体燃料导致的室内空气污染造成全球约 430 万人死亡。有研究表明，农村家庭采用清洁能源替代措施、无烟囱炉灶改造措施，能取得较高的健康效益，能减少室内空气污染所致的儿童急性下呼吸道感染和成人肺癌的发病率。

（3）生活垃圾和污水对健康的影响。生活垃圾随意丢弃、堆放和污水乱排不仅影响家庭环境卫生和家庭成员身体健康，而且直接影响整个农村的生活环境和村民健康。生产性养殖业产生的污水中除含有大量病原微生物外，还含有各种有机物，工业污水中则含有多种重金属等有毒有害物质。未经处理的生活垃圾和污水不仅成为蚊蝇的滋生地，还成为农村地表水、地下水和土壤的主要污染源，有害物质通过食物链对人类健康产生影响。开展生活垃圾和污水的无害化处理，能降低环境因素危害健康的风险，既能有效预防和控制疟疾等病媒生物性传染病等疾病在农村地区的发生和流行，又能使农村环境卫生面貌得到极大改善。

14. 如何营造良好的家庭卫生环境？

（1）良好的家庭卫生环境，要达到“四要

求”。一要求畜圈布局合理。人畜分居，家畜家禽要圈养，猪牛羊有圈，鸡鸭有棚舍，做到勤除圈、勤打扫。二要求庭院整洁美化。柴草堆、煤堆摆放要整齐，杂物和食物要分开堆放，农药、化肥与食物分开；庭院要注意绿化美化。三要求垃圾无害化处理。农户厕所要符合卫生要求，有墙有棚，粪便要做到无害化处理；垃圾要分类投放。四要求家庭成员讲卫生。经常洗澡，勤剪指甲；头发勤理；每天洗漱，一人一刷，每天刷牙；不喝生水，生吃瓜果要洗净。

（2）做好家庭除“四害”，记得“四要”。一要治水防蚊。清除屋内外各种小型容器积水，填平房屋周围小型水坑，清除屋前屋后杂草、杂树，倒置露天闲置的盆、罐等，进行家庭灭蚊。二要治脏防蝇。清除卫生死角，清除杂物、垃圾，管理好餐厨垃圾，铲除蝇类滋生地。三要抹缝灭蟑。通过堵住门窗、墙壁、瓷砖、家具和台面上下的缝隙及孔洞，清除蟑螂栖息的场所，及时清理抽屉、橱柜内的杂物，清除蟑迹。四要堵洞灭鼠。封堵室内外所有洞隙，特别是各类管道和电缆进出室的洞隙；窗户无破损并且封闭，鼠洞应用水泥等堵住，使鼠类无藏身之处。

（3）改善家庭健康环境，做到“四清”。每名家庭成员都要主动参与环境整治，每日打扫卫生。一要清理厨房卫生死角。厨具摆放整齐，生、熟砧板分开使用，生、熟食品分开储存，及时清洗、消毒餐具，确保厨房干净卫生。二要清理卫生间卫生死角。确保卫生间洁具、沐浴设施完好，并保持清洁，地板要注意安全防滑；农村户厕及时清扫，定时清理三格化粪池，做到池盖无缝隙、厕所无臭味。三要清理房间卫生死角。卧室里的衣物、被褥叠放整齐，并定期清洗晾晒；床底、衣柜等卫生死角经常打扫，居家物品摆放整齐，确保室内无杂物、无异味。四要清理庭院卫生死角。确保室内外环境整洁卫生，无乱堆乱放现象。

（4）培养家庭健康行为，做到“四注重”。一要注重养成健康的生活习惯。讲究个人卫生，饭前便后洗手，饭后漱口，不随地吐痰和乱扔垃圾等，垃圾分类投放。二要注重文明用餐。使用公勺公筷，禁烟限酒，限盐控油，平衡膳食；不吃过期或霉变食物，拒食野生动物。三要注重健康管理。定期进行体检，发现健康异常及时就医诊治，科学就医，不过度医疗，按医嘱用药。四要注重树立正确的健康观。不参与非正规的健康讲座以及诊疗活动，不听信虚假医药保健品广告宣传，不购买假冒药品或保健品。

15. 常见家庭急救与护理方法有哪些?

（1）成人呼吸道异物处理。

现场急救：先让患者臀部抬高，头尽量放低，然后用手掌稍用力连续拍打患者背部，以促使异物排出。

此法无效时，可立即从患者背后拦腰将其抱住，双手叠放在患者上腹部，快速用力地向后上方挤压，随即放松，如此反复数次，通过膈肌上抬压缩肺部形成气流，将异物冲出。进行抢救时要注意，动作必须快速，用力适度。

（2）成人误服药物及毒物处理。

第一，过量服用了维生素、健胃药、消炎药的急救。通常情况下，可通过大量饮水、刺激喉咙，使药物大部分呕吐出来，或通过尿液排出。

第二，服用安眠药、有机磷农药、石油制品的急救。应立即送去医院抢救。医院离家较远的，在呼叫救护车的同时进行现场急救。现场急救的主要内容是立即催吐及解毒，可让患者大量饮用温水，然后用手指（或筷子）深入口内刺激咽部催吐，如此反复至少十次，直至吐出物澄清、无味为止。催吐必须及早进行。

第三，误服强酸强碱性化学液体的急救。不可给予清水及催吐急救，而应立即给予牛奶、豆浆、鸡蛋清服下，以减轻酸碱性液体对胃肠道的腐蚀。同时立即送往医院急救。

（3）一氧化碳中毒的急救。为促使患者清醒可用针刺或指甲掐其人中穴，若仍无呼吸则需立即进行口对口人工呼吸。对昏迷较深的患者不应立足于就地抢救，而应尽快送往医院，但在送往医院的途中人工呼吸绝不可停止，以保证大脑的供氧，防止缺氧造成脑神经不可逆性坏死。

（4）急性心肌梗死的急救。家人或救助者不要惊慌，应就地抢救，让患者慢慢躺下休息，尽量减少患者不必要的体位变动。可给予患者速效救心丸、丹参滴丸、硝酸甘油等含服，有条件的患者可给予吸氧，尽快呼叫救护车或医生前来抢救。在等待期间，如患者出现面色苍白、手足湿冷、心跳加快等情况，多表示已发生休克，此时可使患者平卧，足部稍垫高，去掉枕头以改善大脑缺血状况。如患者已昏迷、心脏突然停止跳动，绝不可将患者抱起晃动呼叫，而应立即采用拳击心前区使心脏复跳的急救措施。若无效，则立即进行胸外心脏按压和口对口人工呼吸，直至医生到来。

（5）高血压危象的救治。要立即让患者卧床休息，并服用硝苯地平、复方地舍平、利血平等快速降压药，及地西泮 10 毫克。严禁服用氨茶碱、麻黄素等兴奋剂或血管扩张剂。同时呼叫救护车，尽快送往就近医院进行系统治疗。

知识链接

怎样预防高血压

一袋牛奶一个蛋，二便通畅记心间；
三餐饮食宜清淡，四体适度常锻炼；
五色果蔬不间断，每天只吃六克盐；
七情调节莫失控，八方交友心喜欢；
酒不喝来烟不抽，十分松弛心不烦；
百般措施重保健，千万重视常体检。

16. 如何预防职业病?

职业病是在职业范围内有害因素作用于劳动者而引起的特定疾病。就农业生产而言，可以发生由化学因素、物理因素、生物因素引起的职业病，如农药中毒、尘肺、中暑、振动病、皮炎、炭疽、森林脑炎、布鲁菌病等。由于某些职业病目前尚缺乏有效的治疗措施，因此，必须加强预防，降低职业病的发生率。

以职业中毒为例，职业中毒是指在劳动生产中发生的中毒，有急性中毒、亚急性中毒和慢性中毒三种程度。急性中毒是指毒物一次大量进入人体引起的中毒；亚急性中毒是指在3～6个月的时间内有大量毒物进入人体引起的中毒；慢性中毒是指毒物小剂量长期进入人体引起的中毒。

发生急性职业中毒时，在等待救护车的同时，应进行现场抢救。尽快将患者移至空气新鲜处，脱去患者被污染的衣服，用温水或肥皂水洗净患者皮肤，如有呼吸心跳停止者应立即实施口对口人工呼吸及胸外心脏按压。

发生慢性职业中毒时，患者应停止参与接触毒物的劳动，适当休息或调换工种，补充营养，及时进行对症治疗。

预防职业中毒的措施有如下几种：

（1）革新劳动工具，改善劳动条件。劳动环境要通风，对有毒的物品不要直接用身体接触等。

（2）加强个人防护。凡参加接触有毒物质的劳动时应穿好防护衣，戴好手套、口鼻罩，穿好长靴，劳动结束后立即脱掉，洗净双手及可能被污染的身体其他部位。

（3）加强卫生宣传，做好卫生保健。劳动者对所从事劳动的危险性要有初步的了解，劳动过程中随时注意自我防护，经常到医疗卫生部门检查身体，平时生活中要补充营养，饮食中要富含蛋白质，增强机体抗病能力。

17. 农村常见的体育活动有哪些？

随着生活水平的提高，我国农村居民的健身

需求呈现出多样化和个性化的趋势。开展农村体育活动要坚持挖掘与开发相结合：一方面，以乡村非物质文化遗产项目为重点，传承一批民间传统体育健身项目；另一方面，结合农业生产和农民生活特点，创新编排一些融健身娱乐、表演观赏和比赛竞技于一体的乡村时尚健身项目，如农耕健身项目、畜牧健身项目、水乡健身项目等。

（1）乡村非物质文化遗产项目：武术、舞狮、舞龙、健身秧歌、腰鼓、风筝、摔跤等项目（图 6－2、图 6－3）。

图 6－2　高跷舞狮

（2）农耕健身项目：抱青稞比赛、挑粮比赛、挑秧比赛、抢场比赛、卖余粮比赛等（图 6－4、图 6－5）。

（3）畜牧健身项目：激情赛马、牧民马术、追猪仔、高原斗牛、骑驴大赛、草原斗羊等（图 6－6）。

图 6-3 健身秧歌

图 6-4 抱青稞比赛

图 6-5 挑粮比赛

图 6－6　牧民马术

（4）水乡健身项目：龙舟赛、海洋牧场游泳大赛、水上大力士（双舟拔河）赛、水上独竹漂、抓鱼赛、水上轻骑兵赛等（图 6－7、图 6－8）。

图 6－7　水上独竹漂

（5）乡村大众健身项目：篮球、乒乓球、毽球、气排球、自行车骑行、拔河、乡村广场舞、柔力球、滑冰、越野跑、五子棋、掰手腕等（图 6－9、图 6－10）。

图 6-8　抓鱼赛

图 6-9　气排球

图 6-10　拔　河

18. 农村怎样开展体育活动?

（1）充分发挥农村资源优势，进行农村健身项目的开发。在农村开展体育活动，要充分利用本地区的体育健身资源。按所在地的自然条件和自然风光，分为山地、水域、沙草、冰雪等几个类别的自然资源，可针对这些自然资源进行农村健身项目的开发。以山地为主要特征的自然资源，可开发登山、徒步、骑马等休闲体育项目；水域资源丰富的农村可开展的体育项目有钓鱼、划船、游泳等；以沙漠为资源的农村可开展的体育项目有赛驼、滑沙、沙舟、登沙山、拉沙撬等；草原上的体育项目有具有民族特色的舞蹈、草原徒步、草原自行车游、草原越野、滑草、骑马等；以冰雪为资源的农村可开展的体育项目有滑雪、滑冰等。

（2）组织农民身边的体育赛事。俗话说："文艺靠演出，体育靠比赛。"体育健身赛事既是技能比拼、竞技比赛，也是展示健身成果和水平的有效平台，更是让人们了解体育、享受体育带来的快乐、热爱体育健身的催化剂。在乡村要紧紧结合农业产业和地域特点，在农闲和节假日，举办农民喜欢、具有乡土特色、农趣突出的综合性体育健身赛事。近年来，中国农民体育协会结合中国农民丰收节，举办乡村基层体育骨干健身技能展示交流等品牌赛事活动，将活动下沉到乡村，充分展现“农味”“节味”。中国农民体育协会自成立以来，成功举办了七届全国农民运动会，深入开展全国亿万农民健身活动，连续多年举办全国农民体育健身大赛、乡村农耕农趣农味健身交流活动、农民水果采收运动会等。一些地方利用农闲时节推出以“四村”即美丽乡村越野跑（村跑）、农民趣味体育运动会（村运）、农家乐旅游观光（村游）、下乡品尝特色美食（村宴）为载体的一系列活动，既让村民享受了体育健身的乐趣，又挖掘了当地的旅游文化资源，带动了休闲旅游产业发展，探索了“体育＋”和“＋体育”的新路径。

（3）提供农民身边的健身指导。健身运动必须要科学，否则对人的健康有害的。健身效果的好坏取决于方法是否科学，充分发挥好社会体育指导员和农村体育骨干对农民健身的科学指导作用显得尤为重要。一要建设一支农民体育骨干队伍，培养农民群众身边的体育健身骨干队伍。二要有效开展农民健身现场指导服务。组织不同人群开展适合的健身项目锻炼，指导他们掌握正确的健身方式和技能，让各类人群通过健身有效受益。三要充分利用多种信息平台适时普及健身知识。通过大众健身网络、农村现代远程教育、广播电视等渠道，向广大农民群众传授科学健身知识，适时指导农民健身。

模块七　农村实用人才带头人成长案例

案例 1

张秀霞：心系绿色 生态富农

张秀霞，女，1970 年出生，大专学历，天津市宝坻区民盛种养专业合作社理事长、中国农村青年致富带头人协会理事、宝坻区老区建设促进会副会长、宝坻区慈善协会理事、农业农村部首届农村实用人才经验传授师资班学员。长期致力于绿色有机农产品生产、加工、销售，以及农业休闲旅游、科普教育、品牌策划与推广等工作，一直探索创新“绿色有机基地＋休闲农业＋现代科技”的产业模式。

20 世纪 90 年代初张秀霞从一个小型饲料厂起家，几十年如一日潜心钻研农业技术，寻找创业发家之路。她成立了养鸡专业合作社，改扩建 280 个蔬菜种植大棚，成为当地有名的种养大户。创业路上不停歇，张秀霞研究农业技术之余不忘研究市场，她注册了“御泽”牌商标，实施品牌战略，有 21

个品种的蔬菜通过了相关认证。为了让这片放心蔬菜基地生产出既安全又有营养的绿色蔬菜，张秀霞把养鸡场资源和蔬菜种植结合起来，走循环经济的发展之路，让有机农家肥为蔬菜提供养分，并引进农药残留检测等现代化设备，保证生产出的蔬菜更加安全放心。努力没有白费，张秀霞合作社的蔬菜每天被运往天津、北京等地的机关、院校及高端市场，她的合作社被天津市农业农村工作委员会评为第十三届全运会食材供应优秀基地。创业路上多艰辛，张秀霞不辞劳苦，始终奋战在农业生产第一线。经过多年努力，张秀霞的合作社已经发展成为拥有标准化养鸡场 200 亩、温室大棚 600 亩，带动就业 1 400 人，年产值达 1 亿多元的农业现代化生产龙头企业。

张秀霞自己致富的同时不忘家乡父老，多年来通过资金支持、免费指导扶持了上百名贫困户走上致富道路，多次在当地农村实用人才带头人培训班及湖南、宁夏等地的各类农民培训班上授课，既讲创业经历，又讲经验体会和经营理念。她自主举办培训活动千余场，授课辅导农民 5 万人次。她筹集资金设立固定帮扶基金，长期聘用贫困农户。她的养鸡场还先后吸纳和安置了 12 名残疾人就业，被当地残联认定为残疾人扶贫基地。

几十年来，张秀霞在提高农业生产经营水平、促进三产融合、带领农民致富、改变农村面貌方面作出了重要贡献，先后获得宝坻十佳青年、天津市十大杰出青年农民、天津市青年五四奖章、全国青年五四奖章、天津市劳动模范、全国三八红旗手、天津市三八红旗手、全国十佳农民、全国劳动模范等荣誉称号。创业之路是艰难的，更是快乐的，只要不停下创业的脚步，农村实用人才带头人的个人梦、家庭梦、国家梦就一定能够实现。

案例解读

从兴办小型饲料加工厂到建立肉鸡养殖小区，从创办养鸡专业合作社到种养结合打造绿色蔬菜品牌，张秀霞几十年如一日，闻鸡起舞，循着致富梦想之光，成为当地首屈一指的农村实用人才带头人。她发挥了以下几方面示范作用：一是重视科技，发展适度规模经营。兴建200亩现代化养鸡场，全部采用现代养殖技术，安装了自动投料线、饮水装备、除粪装备等现代化装置，在规模经济的作用下节约人力成本，提升每亩净利润，达到增产增效的目的。二是重视质量，发展生态循环农业模式。她具有较强的绿色发展意识，将400万只鸡的鸡粪进行发酵处理作为蔬菜种植的有机肥料，种出了真正的“有机”蔬菜，既环保又增收。三是重视市场，具有农产品品牌意识。张秀霞将绿色种养理念传递给消费者，并为自己的绿色蔬菜注册“御泽”牌商标，根据市场需求将蔬菜做成净菜进行销售，形成了“养鸡—蔬菜—加工”的绿色产业链模式，得到了市场的广泛认可。

案例 2

赵亚夫：草莓点燃致富梦

赵亚夫，男，中共党员，江苏省镇江市人大常委会原副主任，原镇江市农业科学研究所所长、党委书记，党的十四大代表。他扎根农村、服务农民，与农民一道艰苦探索，开辟了一条通过科技兴农、以农富农，实现“农民共同富裕、农业生态高效、农村可持续发展”的新型农村小康社会建设之路。

自1961年从宜兴农林学院毕业后，赵亚夫便开始了60年服务“三农”的征程。1982年他远赴日本学习草莓种植技术，为了“把技术带回祖国，让农民增加收入”，他每天工作16个小时。1984年，赵亚夫带头到乡村一线推广草莓种植技术，为茅山老区的农业、农村、农民开辟出一片新天地。赵亚夫完成了草莓良种引进及优质高产栽培技术等15个科研项目，出版了《草莓品种及栽培技术》《无花果栽培新技术》等技术含量高，农民看得懂、学得会的科普手册，手册字数累计达到100多万字。

1984年，赵亚夫在句容白兔镇解塘村推广试种0.9亩露天草莓，当年收益就超出常规农作物的2倍。1987年，白兔镇露天草莓种植达7 000多亩，收入达到8 000多万元，第一批“草莓楼”拔地而起。为了更好地帮助农民，赵亚夫自己印制了200余张名片发到农民手中，自己也存了200多个农民种植户的电话号码，提供24小时“热线服务”。2008—2010年，年近七旬的赵亚夫先后18次飞往四川绵竹江苏援川农业示范园，亲自规划选址，亲自优选品种，亲自指导服务，培训农民200多人，增加效益3亿元。赵亚夫把农民的梦当作自己的梦，把茅山老区实现全面小康作为自己的人生目标。

2006 年，在赵亚夫的指导下，江苏省第一个综合型社区农业合作社——戴庄有机农业合作社成立。2010 年，合作社被评为全国农民合作社示范社。2011 年，赵亚夫制定了《2011—2015 年戴庄村有机农业发展规划》，戴庄村成为一个基本实现农业现代化的范例，“戴庄经验”在全省广泛推广。2018 年 5 月，亚夫团队工作室成立，赵亚夫担任总顾问，33 名专家参与，为句容市 100 多个合作社、45 万名农民提供技术支持。2018 年戴庄村农民人均纯收入达 2.7 万元，村集体收入达 200 万元。

赵亚夫怀着对“三农”事业的满腔热忱，把发展农业、致富农民作为人生追求，先后被授予全国优秀共产党员、全国先进工作者、全国优秀科技特派员、全国扶贫先进人物、全国老区工作先进工作者、全国道德模范、时代楷模、全国脱贫攻坚奖等荣誉称号。他带领群众走出了一条苏南丘陵山区脱贫致富的小康之路，践行了一个共产党员的信仰，展现了一个农村实用人才带头人的担当。

案例解读

赵亚夫60年扎根茅山革命老区，先后推广农业新品种新技术250多万亩，给16万名农民带来200多亿元直接收益。作为农村实用人才带头人，赵亚夫做到了以下几点：一是发展高效农业，增强产业持续增长力。以20株草莓苗为“火种”，建立起上千亩农业示范园，培养了一批种植大户，让一部分农民先富了起来。二是采用现代经营方式发展农业。指导成立专业协会和专业合作社，加强行业协作，促进信息、技术和人才交流合作，带动了一大批农民共同富裕。三是走产业与生态齐头并进的可持续发展道路。组建了综合型有机农业合作社，试点发展生态农业，创造农业经营与农村管理“合二为一”新模式，并以江苏句容戴庄为中心，向周边辐射。

案例3

黄达灵：深海养殖的带头人

黄达灵，男，1954年出生，海南省临高县新盈镇头咀村人，现为临高海丰深海养殖专业合作社理事长。他带领当地农民从事金鲳鱼的养殖，从个体户发展为集约化生产，为当地群众致富开辟了一条新道路，黄达灵也被农业农村部评为全国十佳农民。

1996 年黄达灵开始养金鲳鱼，因为一次洪水，10 多万条鱼 7 天内全死光，亏了 280 多万元。但正是这次惨痛的失败，使黄达灵认识到深水网箱养殖要注意安全性和可控性。1998 年，黄达灵向县海洋与渔业局租赁了 8 口挪威旧网箱，每年租金 5 万元，先后投入 100 多万元改造整修，并且结合海南海况新制作安装了 4 口网箱，第一年就收获了纯利润 175 万元。然而，生活不总是一帆风顺，2011 年 9 月 29 日，强台风“纳沙”正面登陆临高，这场 14 级的台风对黄达灵的海丰养殖公司造成了毁灭性的破坏，200 多口网箱全部被打上岸，鱼跑的跑、死的死，公司损失达 7 900 多万元。面对这一切，黄达灵没有退缩，而是选择了迎难而上。经过这次惨痛的教训，他深刻认识到，发展海洋养殖，必须要有技术做后盾，技术不过关，就摆脱不了靠天吃饭的命运。因此，他和科研人员合作，成功研制出一套固定系统。

利用“水泥墩+铁锚”的下锚方式，改进网箱固定系统，对网箱材料的密度、硬度、厚度都进行了升级，可以抗14级风。该套固定系统获得了国家海洋局颁发的海洋科学技术二等奖、海南省人民政府颁发的科学技术一等奖，并在2014年成功经受住了“威马逊”“海鸥”中等强台风的考验。

黄达灵的网箱养殖获得成功后，渔民抢着加入他的深海网箱养殖合作社，但很多渔民由于缺少资金发展受限。为此，中国邮政储蓄银行临高县支行先后向合作社的21个下游客户发放了贷款，累计支持海洋网箱养殖达4 000余万元。成熟的致富模式和银行的金融支持，使越来越多的临高渔民踊跃加入深海抗风浪网箱养殖行列，不仅减少了过度捕捞海洋资源的无序生产，而且带动了一批渔民致富。

截至2017年10月，黄达灵已经与9个乡镇、83个村委会、约9 000名贫困户签订了扶贫协议。从一无所有到获得如今的成就，黄达灵用自己的经验和技术带动渔民摆脱贫困，用实力和不懈的努力改写了渔民靠天吃饭的历史。

案例解读

黄达灵专注深海养殖业20余年，作为农村实用人才带头人，他的成功给了我们以下几点启示：一是聚焦产业关键环节，重点攻关核心技术。黄达灵没有因为自然灾害而退缩，反而攻坚克难，研制出一套网箱固定系统，成功经受住了“威马逊”“海鸥”中等强台风的考验。二是借助金融贷款，提高生产养殖能力。由于缺少资金，他和中国邮政储蓄银行临高县支行积极协商。银行先后向渔民发放了4 000余万元贷款，帮助更多的渔民加入深海抗风浪网箱养殖行列，大大提高了生产养殖能力。三是扎根乡村造福农民，发展产业脱贫致富。黄达灵致富同时不忘乡民，他积极带动贫困户，用经验和技术改写了渔民靠天吃饭的历史。

案例4

赖园园：“海归”圆梦桔乡里

赖园园，女，1987年10月出生，壮族，本科学历，广西壮族自治区柳州市融安县大将镇富乐村农民。2013年，赖园园回乡创业，从标准种植、电商销售、品牌创建三个环节着手，带动了整个“融安金橘”产业的发展。她曾获全国农业劳动模范称号、广西青年五四奖章、2016—2017 年度全区脱贫攻坚先进个人奉献奖。

2012 年赖园园从泰国留学回国后，曾在广西壮族自治区南宁市某现代物流企业做高管，但她主动放弃城市白领生活，怀揣着“金橘梦”回乡创业。因为家乡在大山里，赖园园创业初期遇到的最大困难就是物流成本太高。为了选择合适的物流，她跑遍了广西的物流公司；为了找到适合的产品包装，她买来上百种包装进行比对。解决了物流问题，赖园园又带领合作社成功注册了“桔韵”商标，2015 年组建了电商团队并创立了自己的电商品牌“桔乡里”。她结合文化、环保、创新等理念，打造出以“桔乡里”为主题的金橘系列形象包装。此后，“桔乡里”销售量直线上升，2015 年当年营业额达 500 多万元。

不仅如此，赖园园还充分利用互联网思维，对用户、产品重新进行定位和梳理，通过电商渠道让原本 4 元/千克的金橘，卖出了 40 元/千克的价格，一举成为大山里家喻户晓的电商女能人。她创立的电商平台一年金橘销售额超千万元，让金橘成为当地橘农和贫困户的“致富果”。

如今，赖园园在村里建起一个金橘加工厂，从采摘、下订单、打包、装箱到发货，实现流水线作业，足不出户就能完成整个销售流程。同时她还在村子里建起自己的电商基地和电商销售团队。在金橘销售旺季，她还聘用贫困户到自己的基地务工，每天提供100多个工作岗位，其中贫困户占了30多个岗位，不仅解决了贫困户金橘销售难的问题，还让贫困户在电商基地务工，实现双重增收。9年时光，赖园园有辛酸、有挫折、有成就，从留学归来、回家创业到成为种植、销售金橘能手，从稚嫩的创业者到农村实用人才带头人，她用智慧的双手编织出一个现代农业梦。

案例解读

赖园园作为一名受过高等教育的“海归”创业青年，将自己的学识和本领奉献给家乡广袤的沃土，真正体现了一名农村实用人才带头人的价值。她的发展和成长给我们带来以下几点启示：一是注重品牌化建设，提高市场影响力。赖园园在调研市场时意识到品牌建设的重要性，于是创立了电商品牌“桔乡里”，同时打造出以“桔乡里”为主题的金橘系列形象包装，让自己的品牌深入人心。二是借助物流开展互联网营销。融安县大将镇富乐村地处深山，农产品因交通问题销售不便，赖园园利用合适的物流方式并选择电商模式销售金橘，让原本4元/千克的金橘，卖出了40元/千克的价格。她创立的电商平台一年金橘销售额超千万元。三是吸纳农户务工增收，带领全村脱贫致富。在销售旺季，赖园园的电商基地和电商销售团队每天提供100多个工作岗位，其中贫困户占了30多个岗位，不仅解决了贫困户金橘销售难的问题，还让贫困户在电商基地务工，实现双重增收。

案例5

乔文志：把“乔府大院”建成乡亲的“致富大院”

乔文志，男，1973年7月出生，汉族，中共党员，本科学历，黑龙江省五常市杜家镇半截河子村小孟家屯人，五常市乔府大院农业股份有限公司董事长兼王家屯现代农业农机专业合作社理事长，先后获得黑龙江省十佳农民创业领军人物、龙江最美创业人、全国农业劳动模范等荣誉称号。

2001年乔文志在家乡创办了五常市金福泰农业股份有限公司，引进大米加工设备进行精细加工，解决了大米中含有杂质的问题，并推出了“乔府大院”大米品牌。2010年他又成立了乔府大院种业公司，与中国科学院合作，成功完成了稻花香2号的提纯复壮工作和“中科”系列新型优质水稻品种的培育工作。2011年，他又带领半截河子村农民创办了现代农业农机专业合作社，并担任理事长，探索搭建了“龙头企业＋合作社＋农户”的新型产业化模式，鼓励农民以资金和土地入股形式加入合作社、加入企业。

为了发展壮大产业，乔文志在2012年投资打造乔府大院现代农业产业园，发展绿色生态农业。产业园引进国际化稻米加工生产线、稻米油精加工生产线，改变了企业过去收购、加工、销售的传统经营模式，并进行一品一码全程溯源体系建设。同时，他积极推进一二三产业融合发展，投资兴建乔府大院稻花香生态体验区，建设了稻田观景台、观光长廊和自行车环道，每年设计、种植不同内容的稻田画，并根据水稻生长周期举办插秧节、稻花节和开镰节活动，创建稻米文化馆，让学生和游客了解、体验插秧、收割等农耕文化。

与此同时，乔文志积极投身公益事业，每年仅公司和合作社就直接创造上千个就业岗位，吸纳下岗失业、农村失地人员。此外，他还对落后乡村开展帮扶，10 年来捐款 300 余万元，扶持带动 4 个乡镇 6 个村屯 318 个困难家庭脱贫致富，资助 10 名贫困大学生完成学业。在国内新冠肺炎疫情最严重时期，乔文志还驰援武汉百万元粮食物资，向五常市捐赠百万元医疗物资，展现了一个农村实用人才带头人的责任与担当。

案例解读

这是一个有梦想的农民，20 年来一直致力于品牌富农、品牌兴会、品牌强国。乔文志作为农村实用人才带头人发挥了以下几方面示范作用：一是坚持农产品质量优先，向产值、品质要效益。在家乡创办了五常市金福泰农业股份有限公司，引进大米加工设备进行精细加工，解决了大米中含有杂质的问题，并推出了“乔府大院”大米品牌。二是创建社企联合模式，实现农民共同致富。他带领半截河子村农民创办了现代农业农机专业合作社，并担任理事长，探索搭建了“龙头企业＋合作社＋农户”的新型产业化模式。三是积极参与公益活动，回报社会，扶危救困。乔文志积极吸纳下岗失业、农村失地人员到公司和合作社工作，并在国内新冠肺炎疫情最严重时期，驰援武汉百万元粮食物资，向五常市捐赠百万元医疗物资，展现了一个农村实用人才带头人的责任与担当。

案例 6

孙茂东：打好“三位一体”的农村脱贫攻坚战

孙茂东，男，55岁，汉族，中共党员，大专学历，山东省微山县高楼乡渭河村党支部书记、村主任。他带领村民发展渔业养殖、水上运输和生态旅游，全村虾蟹混养面积达7 000余亩。他全身心投入到发展村庄、服务村民中，十余年如一日践行着“为民、务实、清廉”理念。他用自己的爱岗敬业、辛勤工作赢得了大家的信任与支持，先后荣获山东省劳动模范、齐鲁乡村之星、全国劳动模范等称号。

2002年孙茂东被渭河村全村党员群众推选担任村党支部书记，在群众的期望中，孙茂东毅然卖掉了自己的水上运输拖队，投身到建设和管理渭河村的事业中。在孙茂东带领下，村“两委”一班人积极帮助村民，以村集体名义做担保帮村民申请贷款，为村民跑资金、办手续。但由于村里从事运输的驳船和拖头越来越多而又不成规模，产生了运费结算不及时、安全生产水平低等问题。针对这些问题，孙茂东经过多次调研并召集村民代表进行研究，决定以村集体名义注册成立微山县兴渭航运公司，把在外从事运输工作的村民纳入航运公司管理，这样既增强了公司在航运业中的竞争力，又保障了村民的合法权益。

渭河村作为一个典型的渔业村，不仅有广阔的大湖水面，也有原生态的湿地景观、淳朴的渔家文化，发展渔业养殖和生态旅游具有得天独厚的条件。为此孙茂东自费到阳澄湖等地学习，大胆引入了“虾（南美白对虾）蟹（中华绒螯蟹）混养”技术。他带头试验，养给村民看，带着村民干。就这样，虾蟹养殖产业一点点发展壮大起来，群众看到了收益，坚定了发展养殖业的信心。目前，全村虾蟹混养面积已发展到 7 000 余亩，仅此一项，村民人均年纯收入就增加 6 000 余元。

在引导村民发展渔业养殖、壮大水上运输的同时，孙茂东积极响应上级党委、政府号召，带领渭河村闯入一片未知的发展领域——乡村旅游。经过近五年的努力，事实再一次证明渭河村群众的选择是正确的，旅游业正成为渭河村最具有潜力的新型业态。独具北方渔乡风情的渔家水街景区，填补了微山湖民俗生态旅游的空白，被评为全国农业旅游示范点、山东省旅游特色村。

案例解读

从毅然卖掉生意正好的水上运输拖队、担任村支部书记，到以村集体名义注册航运公司，再到做“第一个吃螃蟹的人”领导全村虾蟹混养，又带领渭河村开创独具北方特色的渔乡旅游，孙茂东作为农村实用人才带头人起到如下示范作用：一是坚持规范管理，发挥规模经营优势。孙茂东利用自身经营水上运输拖队的经验，采用现代化管理，既解决了渭河村传统水上运输业不规范的问题，又充分发挥规模优势，以村集体名义创办航运公司，在增强公司竞争力的同时，保障了村民的合法权益。二是聚焦养殖业关键问题，重点攻关核心技术。孙茂东自费到外地学习虾蟹混养技术，在村子里带头实干，带动村民一步步发展壮大养殖业。三是推行生态发展模式，发展乡村旅游业。在引导村民发展渔业养殖、壮大水上运输的同时，孙茂东带领渭河村闯入旅游业的发展领域，填补了微山湖民俗生态旅游的空白。

案例 7

唐全合：不懈追求 成就带头人梦想

唐全合，男，高中学历，河南省鹤壁市淇滨区钜桥镇唐庄村人，鹤壁市聚喜来农机专业合作社理事长。唐全合 20 年来长期从事粮食规模化生产，为实现当地土地规模经营效益提升和农民增产增收作出了重要贡献，体现了一个农村实用人才带头人应有的价值。

唐全合于 2002 年开始在本村从事粮食规模化生产，承包土地 120 多亩；2009 年 11 月注册鹤壁市聚喜来农机专业合作社，总投资 985 万元；2010 年流转经营土地面积达到 1 470 亩；2014 年托管和阶段托管耕地 8 700 亩，加上流转经营，土地经营总面积达 10 170 亩。合作社拥有大中型农业机械 30 余台，入社社员亩均年增收超过 300 元，人均年增收超过 1 500 元，实现了土地规模经营效益提升和农民增产增收共赢。

为提高合作社专业化作业水平，唐全合按照规范化运作、社会化服务、标准化操作的要求，在重点服务区域——鹤壁市淇滨区钜桥镇粮食高产万亩核心示范区实施了“六统一”管理，即统一作业质量标准、统一技术培训、统一零配件供应、统一收费标准、统一签订作业服务合同、统一收割。开展耕、种、管、收系列服务，根据农作物播种时间的先后，统筹安排，机动灵活，有组织地进行联片作业，切实提高机具作业效率，有力地促进了示范区建设，并实现了技术服务全覆盖。

为提高现代农业技术装备水平和服务现代农业的能力，多年来，唐全合和他的合作社主动与农业、农机、气象等部门联系，积极争取项目和技术支持。唐全合在合作社内设立了气象信息服务站，安装了气象接收预警机，加强了对服务区土壤墒情及病虫害的实时监测和预报；配备了现代化的电教培训室，定期对农民进行培训，推广和普及先进的种粮技术。

唐全合热爱祖国，献身农业，并以自己特有的方式，自觉践行社会主义核心价值观，20 年间他获得全国种粮售粮大户、全国种粮大户、河南省劳动模范等荣誉称号，用智慧、胆识和汗水，铸就了农村实用人才带头人的中国梦。

案例解读

唐全合从一个普通农民，成长为一个合作社理事长，并且获得了全国种粮售粮大户、全国种粮大户、河南省劳动模范等荣誉称号，这和他践行服务“三农”的理念是密不可分的。一是发展壮大合作社。唐全合引导持有大型农机具的农民入社，鼓励农户带资入社，促使合作社得到迅速发展和壮大。二是促进生产规范化。唐全合制定了生产“六统一”制度，统一作业质量标准、统一技术培训、统一零配件供应等，有效提高机具的作业效率，助推粮食增产。三是专注农业现代化。唐全合的合作社拥有大型农业机械30余台，其中大型拖拉机15台、小麦联合收割机10台、玉米收获机械8台。还配备了气象接收预警机、电教培训室，为服务现代农业增添了装备力量。

案例8

徐淙祥：科技创新 增产增收

徐淙祥，男，中共党员，大专学历，安徽省阜阳市太和县旧县镇张槐村人，太和县优质高效农业技术协会会长、淙祥现代农业种植专业合作社理事长、高级农民技师、全国人大代表。他一心致力于农业科学研究和农业技术推广工作，取得了显著的经济效益和社会效益，得到了各级领导称赞和全社会好评，曾获安徽省十大新闻人物、安徽省麦王等荣誉称号。

为改变家乡农业生产落后面貌，作为村党支部书记的徐淙祥长期坚持于农业生产一线，从不同角度、不同层面摸索出四套小麦优质超高产、节本增效栽培技术，这些技术被村民誉为小麦优质高产、节本增收的法宝。2003 年，徐淙祥在承包的 1 300 亩土地上开始了科技实验。在 2003 年遭遇特大洪涝灾害的情况下，他承包的 850 亩大豆不但没有减产，反而大幅度增产，平均亩产达 165 千克，高产田块亩产突破 260 千克。

与此同时，徐淙祥同安徽省农业科学院、安徽农业大学等单位常年开展技术研究合作，与这些单位的作物所、土肥所、现代农业研究所、小麦室、大豆室、玉米室有深度合作。通过合作，不断创新科技，充分发挥了科技在稳粮增粮中的重要作用，实现了粮食增收由靠土地、靠农资转变为靠科技转型升级。

2010 年，徐淙祥和村民一道成立了淙祥现代农业种植专业合作社，流转耕地 4 230 亩，实现了生产规模化、销售订单化、产品品牌化、技术标准化、管理科学化“五化一体”。合作社的小麦良种繁育与安徽瑞泰种业集团签订产销合同，小麦每千克售价高出市场价15%左右；商品粮生产与三泰面粉厂签订长期订单加价销售合同，优质麦每千克售价高出市场价3%～5%。生产基地的产品全部经过有关部门质量认定。合作社注册有“淙祥”牌商标，建立了产品可追溯制度，制定了生产技术规程，管理精细。

风雨坎坷40年，情系“三农”无怨无悔。徐淙祥为了大地的丰收，为了让乡亲们致富的步伐迈得更快一些、早日实现农业现代化，以坚强的意志、顽强的毅力，一如既往地追求着、拼搏着、奉献着。

案例解读

从村党支部书记到高级农民技师、全国人大代表，徐淙祥扎根农村，立足农作物种植，聚焦技术创新与推广，力求农作物增产、农民增收，带领当地村民走出了一条致富路。一是坚持普及实用技术。徐淙祥在长期从事农业生产一线试验示范过程中，从不同角度、不同层面摸索出四套小麦优质超高产、节本增效栽培技术。并采用“科技承包”的方法，即村民来种、徐淙祥提供技术，极大地促进了栽培技术在农民群体中的普及。二是重视和追求技术进步。徐淙祥同安徽省农业科学院、安徽农业大学等单位常年开展技术研究合作，充分发挥了科技在稳粮增粮中的重要作用，实现了粮食增收由靠土地、靠农资转变为靠科技转型升级。三是用现代经营形式发展农业。徐淙祥和村民一道成立了淙祥现代农业种植专业合作社，实现了农业种植生产规模化、销售订单化、产品品牌化、技术标准化、管理科学化“五化一体”，极大提高了农民收入。

附录　强农惠农富农相关政策

1. 耕地地力保护补贴如何实施？

2. 高标准农田建设有哪些支持政策？

3. 购置农机怎么补贴？

4. 农机报废更新有补贴吗？

5. 农机安全监理免费政策有哪些？

6. 农机深松整地作业有什么补助？

7. 稳定生猪生产有什么政策？

8. 小麦、稻谷最低收购价政策有哪些？

9. 东北玉米和大豆生产者可以享受哪些补贴政策？

10. 新疆棉花目标价格补贴政策如何执行?

11. 动物防疫怎么补助?

12. 中央财政对哪些农业保险保费进行补贴?

13. 中央财政对农业保险保费补贴标准是什么?

14. 良种推广有哪些政策?

15. 地理标志农产品保护政策实施情况如何?

16. 农村人居环境整治支持政策

17. 耕地轮作休耕制度试点政策

18. 长江十年禁渔政策有哪些内容?

19. 退化耕地治理试点政策

20. 东北黑土地保护利用政策

21. 东北黑土地保护性耕作作业补助政策

22. 国家对农作物秸秆综合利用有哪些支持政策?

23. 化肥、农药减量增效支持政策有哪些?

24. 废弃农膜回收利用试点政策

25. 草原生态利用有什么补助奖励政策?

26. 畜禽粪污资源化利用政策有哪些?

27. 休闲农业和乡村旅游发展有哪些支持政策?

28. 乡村特色产业发展有哪些支持政策?

29. 农村一二三产业融合发展用地有哪些保障政策?

30. 农产品初加工税收减免如何执行?

31. 农产品产地冷藏保鲜设施建设有哪些支持政策?

32. 现代农业产业园建设支持政策有哪些内容?

33. 脱贫地区产销对接有哪些支持政策?

34. 农业电子商务发展有哪些支持政策?

35. 扶持家庭农场发展有哪些政策？

36. 扶持农民合作社发展有哪些政策？

37. 扶持农业产业化发展有哪些政策？

38. 粮改饲试点有什么支持政策？

39. 振兴奶业支持苜蓿发展有什么政策？

40. 支持肉牛肉羊发展有哪些政策?

41. 推动蜂业质量提升有哪些政策?

42. 农村承包地“三权”分置有什么政策?

43. 保持土地承包关系稳定并长久不变有哪些政策?

44. 加强农村宅基地管理政策有哪些内容?

45. 农垦危房改造有哪些政策?

46. 村级公益事业一事一议财政奖补有哪些政策?

47. 高素质农民培育有哪些支持政策?

48. 培养乡村振兴人才有哪些支持政策?

49. 基层农技推广改革与建设补助政策有哪些?

参考文献

杭大鹏，向朝阳，2018. 新型职业农民手册［M］. 北京：中国农业出版社.

黄兴华，2012. 农村自主性培育：构建新型农村文化生活形态的内源力探究［J］. 云南行政学院学报（4）：113-115.

农村党支部书记学院，2020. 夯实乡村治理这个根基［M］. 北京：中共中央党校出版社.

任珂，2020. 中国农村特色文化产业市场体系研究［D］. 济南：山东大学.

仝志辉，2006. 村委会选举与乡村政治［M］. 北京：中国农业出版社.

伍汉文，2008. 九亿农民健康教育读本：生活·环境·劳动分册［M］. 长沙：湖南科学技术出版社.

余幼鸣，2007. 健康生活知识问答［M］. 广州：广东科技出版社.

张晓方，任伯绪，2015. 农村居民健康生活与慢性病防治100问［M］. 北京：中国农业出版社.

赵增辉，2020. 着力推动乡村文化振兴的三个维度 [N]. 重庆日报，07 - 30 (10) .

周承波，侯传本，左振鹏，2020. 物联网智慧农业 [M]. 济南：济南出版社 .

图书在版编目（CIP）数据

农村实用人才带头人手册/中央农业广播电视学校，农业农村部农民科技教育培训中心，中国农民体育协会组编．—北京：中国农业出版社，2021.9（2023.8 重印）
农业农村部农民教育培训规划教材
ISBN 978-7-109-28779-2

Ⅰ.①农…　Ⅱ.①中…②农…③中…　Ⅲ.①农业技术—技术培训—手册　Ⅳ.①S-62

中国版本图书馆 CIP 数据核字（2021）第 196631 号

中国农业出版社出版
地址：北京市朝阳区麦子店街 18 号楼　　邮编：100125
责任编辑：赵　娴
版式设计：杜　然　　责任校对：周丽芳
印刷：中农印务有限公司
版次：2021 年 9 月第 1 版
印次：2023 年 8 月北京第 4 次印刷
开本：710mm×1000mm　1/32　　印张：6.25
字数：100 千字
定价：22.20 元
